KB172215

나는 오직 아이의
행복에만 집중한다

나는 오직 아이의 행복에만 집중한다

김윤희 지음

포르체

차
례

2장

내 아이에게 행복을 주는 법

3장

내 아이에게 미래를 주는 법

프롤로그

당신의 아이는 '지금' 행복한가요?

'어떻게 키울 것인가?'

'내가 과연 잘 키우고 있나?'

저는 두 아이의 부모가 된 후 줄곧 이 무거운 질문의 답을 찾아가는 길에 서 있습니다. 아이를 키우는 매 순간이 갈림길입니다. 내가 과연 아이들에게 좋은 부모인지, 아이들은 잘 자라고 있는지, 아이들이 지금 행복한지, 연신 묻고 고민하고 궁리합니다. 저는 경제적으로 여유롭지 못한 부모라 아이들에게 물질적으로 풍요로운 환경을 제공해주지 못해 문득문득 미안한 순간이 있습니다. 허나 아이들에게 물질적인 것 말고도 줄 수 있는 것이 너무나 많다는 것을 저는 알고 있습니다. 저의 부모님께서 저에게 주신 것들을 통해 압니다.

저는 가난한 형편에 사 남매를 키우느라 하루 종일 몸도 마음도 바쁘셨던 부모님 밑에서 어린 시절을 보냈습니다. 그렇지만 부모님께서는 잠을 자는 딸이 혹여 깰세라 살며시 다가와 뽀뽀를 해주고, 추울세라 이불을 덮어주고, 좋아하는 반찬을 앞으로 밀어주고, 추운 겨울 학교에서 돌아온 차가운 발을 당신의 품속에 넣어 녹여주셨습니다. 이런 엄마, 아빠의 포근하고 애틋한 시선과 손길, 따뜻한 관심과 사랑은 세월이 흘러도 고스란히 제 안에 남아 있습니다. 부모님의 오롯한 사랑 덕분에 어른이 된 저는 누구에게도 기죽지 않고 당당하게, 세상을 행복의 눈으로 바라보며 살아가는 힘을 기를 수 있었습니다. 부모님은 저의 높은 자존감의 밑알이자 원천이자 자양분입니다.

저는 두 아이를 키우며 스멀스멀 올라오는 내 안의 욕심과 마주할 때면, “나는 오직 아이의 행복에만 집중하겠다.”라는 문장을 조용히 읊조립니다. 미래에 있을 아이의 행복을 위해 ‘지금 이 순간’ 아이의 행복을 유보하지 않겠다고, 두 번 다시 오지 않을 아이의 지금 이 순간을 함께 행복하겠다고 다짐합니다. ‘지금’ 행복하지 않은 아이가 ‘내일’ 행복할 수는 없습니다. 혹시 아이가 행복하길 바라는 ‘내일’을 위해, 지금의 행복을 방관하고 있는 것은 아닌지 많은 부모님들이 되돌아보는 기회를 가졌으면 합니다. 이 책에 내 아이가 ‘지금’ 행복하다고 느끼는지를 세심히 살피며 보내온 지난 13년의 시간을 담았습니다.

얼마 전 JTBC 드라마 〈SKY 캐슬〉이 큰 인기를 끌었습니다. 부, 명예, 권력을 모두 거머쥔 대한민국 상위 0.1%의 남편들과 함께, 제 자식을 천하제일 왕자와 공주로 키우고 싶은 명문가 출신의 사모님들의 세계를 들여다보는 '리얼 코믹 풍자극'이었습니다. 대한민국의 교육 열기를 반영하듯 폭발적인 관심과 이슈몰이를 했던 드라마입니다. 그 드라마에서 가장 인상적이었던, 지금까지 잊히지 않는 장면이 있습니다. 어릴 때부터 엘리트 코스를 밟으며 대한민국 최고의 종합병원 의사인 강준상이 어머니를 부여잡고 오열하는 장면입니다.

"낼모레 쉰이 되도록 어떻게 살아야 하는지도 모르는 놈을 만들어놨잖아요. 어머니가!"

그 말에 어머니가 한 발자국도 물러서지 않고 "다 너 좋으라고, 다 너 행복하라고 한 일이다!"라고 대꾸합니다. 그 말에 강준상은 말합니다. "나는, 단 한순간도 행복했던 적이 없어요."

매슬로의 인간 욕구 5단계 이론을 따르면 1단계, 의식주의 기본적인 생리적 욕구와 2단계, 안전의 욕구 그리고 3단계 애정과 소속감의 욕구가 채워져야만 비로소 상위 단계인 5단계 자아실현의 욕구(배움의 욕구)가 발현됩니다. 그러므로 부모는 아이의 자아실현을 위해서 정성을 다해 먹이고, 입히고, 재우는 일, 즉 사랑과 애정을 쏟는 기본적이지만 고귀한 일에 최선을 다해야 합니다. 그 기본적인 욕구가 채워지고 충만한 행복감을 느낄 때 아이는 비로소 자아실현을 위한 한 걸음을 내디딜 수 있습니다.

'행복'하지 않고서는 진정한 자아실현을 하기 어렵습니다. 또한 행복을 동반하지 않은 자아실현도 무의미합니다. 성공한 인생은 좋은 대학을 나오거나 부자가 되는 것에 있는 것이 아니라 '행복'에 있습니다. 내 아이가 진짜 성공한 삶을 살길 원한다면, 지금 당장 아이의 행복에 집중해야 합니다. 아이가 행복해야 자기가 진정으로 원하는 것을 찾을 수 있고, 또 그것을 이루기 위해 뚜벅뚜벅 걸어나갈 수 있습니다.

어느 날, 잠자리에 누운 큰아이가 제게 말합니다.

"엄마! 나, 행복해!"

당신께 묻고 싶습니다.

당신의 아이도 '지금' 행복한가요?

저의 이 질문이, 어리석은 우문이기를 바랍니다.

2020년 1월 김윤희

1장

내 아이에게 사랑을 주는 법

아이들은 사랑을
'함께 놀아주는 시간'으로
생각한다.
- 존 크루델

'기준'이 달라지면 '평가'도 달라집니다

인정하기

어린아이들에게는 하루하루 마주하는 세상 모든 것들이 '처음'입니다. 그래서 아이는 자연스럽게 신기함과 그로 인한 흥분, 호기심을 가지게 됩니다. 더불어, 자신이 태어나 처한 이 낯선 환경이 과연 안전한 곳인지, 살 만한 곳인지, 위협적인 요소는 없는지, 이런저런 탐색을 하기 위한 목적으로라도 아이의 '산만함'은 당연한 행동일지도 모릅니다.

큰아이가 3살 때 시댁에 방문했습니다. 시부모님이 아이들을 반갑게 맞아주시는데, 큰아이가 제 뒤로 숨습니다. 물론 인사도 하지 않습니다. 다른 친척들에게 다가가지도 않고, 오로지 저에게만 딱 붙어있었습니다. 큰아이는 7살이 될 때까지 그 누구에게도 인사하지 않는, 소심하기 그지없는 아이었습니다.

작은아이가 4살 무렵, 10시에 어린이집에 데려다주었는데 30분 뒤, 어린이집에서 전화가 걸려왔습니다. 핸드폰 화면에 뜨는 어린이집 전화번호를 보고 혹시 무슨 일이 생겼나 싶어 가슴이 철렁했습니다. 서둘러 전화를 받으니 작은아이가 친구를 심하게 물었다고, 와보셔야 할 것 같다는 연락이었습니다. 아파트 1층에 위치한 어린이집으로 부랴부랴 달려갔습니다. 저희 아이에게 물린 친구 팔을 보니, 꽤 깊게 상처가 나 있었습니다. 그 엄마에게 고개 조아리고 사과의 말을 전하고, 치료비는 물론이거니와 성의를 다해 미안한 마음을 표했습니다.

그러나 문제는 거기서 끝이 아니었습니다. 그렇게 하면 안 된다고 아이를 가르쳤지만, 저의 훈육이 무색하게 그날로부터 장장 3개월이 넘도록 작은아이의 문제 행동은 계속되었습니다. 어느 날, 선생님께서 ADHD(주의력 결핍 및 과잉 행동 장애) 검사를 한번 받아보는 게 어떻겠냐고 아주 조심스레 말씀하셨습니다. 그 말을 듣고는 무척 속상했습니다. 훈육을 해도 변화가 없다는 생각에 막막하기도 했습니다. 그렇지만 "아이는 부모가 믿는 만큼 자란다."는 말처럼, 제가 끝까지 믿어주면 아이가 변할 수 있다는 확신을 잃지 않으려고 노력했습니다. 그렇기에 ADHD 검사를 받아보라는 선생님 말씀이 있었지만, 저는 아이를 조금 기다려주기로 마음먹었습니다. 개인적으로 ADHD라는 질병을 섣부르게 판단하는 것은 옳지 않다고 생각하는 입장이기 때문입니다.

요즘 어린이집, 유치원, 학교 같은 공동체 생활에서 다루기 힘든 아이들을 너무나 쉽게 '치료 대상'으로 만드는 것 같아 안타까울 때가 있습니다. 산만하고 별난 행동을 하는 아이를 처음부터 치료의 대상으로 규정해서 문제아로 낙인찍을 것이 아니라, 따뜻한 손길과 관심이 좀 더 필요한 '관심의 대상'으로 바라보면 어떨까요? 그렇게 노력해보고도 안될 때 의학의 힘을 빌려도 절대 늦지 않습니다.

물론 아이들을 데리고 공동체 생활을 해야 하는 선생님의 노고를 이해합니다. 그리고 저 또한 병원의 힘만 빌리지 않았을 뿐 가정에서 제가 할 수 있는 최선의 노력을 다해 아이를 훈육하고 가르치고, 개선 방법을 치열하게 고민하고, 찾은 방법들을 적용하면서 인고의 시간을 보내왔습니다. 그런 힘겨운 노력의 과정을 지났기 때문일까요. 지금 제 두 아이는 평범한 아이로 잘 자라주었습니다. 이제 친구를 물지 않고, 인사도 잘하게 되었고, 아울러 두 아이 모두 교육청 영재원에 합격하기까지 했습니다.

사람들과 눈이 마주쳐도 인사는커녕 엄마 등 뒤로 숨어버리기 일쑤인 아이를 보고 누군가는 소심하다고 했지만, 누군가는 신중하다고 했습니다. 한곳에 진득하니 앉아있지 못하고, 동분서주 정

신없이 뛰어다니는 아이를 보고 누군가는 산만하다고 했지만, 누군가는 활발하다고 했습니다. 수시로 혼자서 멍하니 허공을 바라보고 있는 아이를 보고 누군가는 조금 문제가 있는 것 같다고 했지만, 누군가는 개성이 있다며 창의력이 있는 아이라고 했습니다. 같은 아이를 두고 왜 이렇게 상반된 이야기가 나올까요? 기준이 달라지면 평가 또한 달라지기 때문입니다. 아이를 어떤 기준으로 해석하고 바라보느냐에 따라 내 아이가 '문제아'가 될 수도 '엄친아'가 될 수도 있습니다. 어쩌면 아이에게는 아무런 문제가 없을지도 모릅니다. 단지 어른들의 높은 기준에 못 미치는 것일 뿐.

아이의 행복을 위해, 부모의 기준부터 달라지면 좋겠습니다. 아이가 말이 없으면 내성적이라고 하지 말고 생각이 깊다고 칭찬해주세요. 아이가 겁이 많으면 소심하다고 하지 말고 조심성 있는 아이라고, 아이가 한곳에 진득하니 가만있지 못하면 산만하다고 하지 말고 호기심이 많은 아이라고 생각해주세요.

"'기준'이 달라지면 '평가'도 달라진다." 자식을 기르는 부모라면 마음에 문신처럼 새겨두어야 할 말입니다.

말 듣지 않는 아이를 바꾸는 작은 비법

자기 결정권 주기

13년 동안 두 아이들을 키우며 여러 가지 힘든 육아의 과정들이 있었습니다만, 아이들 양육에 있어 가장 힘들었던 게 무엇이냐고 묻는다면, 저는 단연코 '이 닦아 주기'였다고 말하고 싶습니다.

매일 저녁이면 이 닦지 않으려고 징징거리고, 짜증내고, 미루고, 도망치는 아이들과 전쟁 아닌 전쟁을 치러야 했습니다. 어느 날은 강제로 앉혀놓고 이를 닦아야 하는 이유를 일장 연설을 하기도 했고, 어느 날은 이를 닦지 않으면 어떻게 되는지 온갖 세균 이름을 들먹여가며 무시무시한 예로 겁을 주기도 했습니다. 때로는 이를 닦고 난 후 게임을 시켜 주겠다는 둥, 내일 아침에 사탕을 주겠다는 둥, 내키지 않는 검은 거래를 제시해가며 아이의 단힌 입을 겨우 열게 하기도 했습니다.

별의별 방법을 다 동원해 매일 밤 전쟁을 치르던 제가, 어느 날 기똥찬 방법을 하나 찾아냈습니다. 더도 덜도 말고 딱 두 가지 선택지를 내어주고, 둘 중에 하나만 선택하라고 하는 것입니다. 이를 닦으려는 찰나에 아이가 만화 영화를 볼 거라고 이 닦기를 거부하면 아이에게 이렇게 물어보세요.

"이 먼저 닦고, 만화 볼래?"

"만화 먼저 보고, 이 닦을래?"

아이가 선택을 거부하면, 한 가지는 반드시 선택해야 한다고 단호하게 말씀하세요. 그러면 아이는 인생 최대의 난관에 부딪힌 듯 그 귀여운 눈동자를 굴리며 제법 진지하게 고민할 것입니다. 그리고는 둘 중에서 '그나마' 마음에 드는 것으로 하나를 선택하고는, 부모의 예상외로 웬만하면 약속을 지킬 겁니다. 왜냐하면 사람들은 자신의 행동이 나의 의지에 의한 것이 아닐 때, 심한 거부 반응을 보입니다. 이 방법은 비록 두 가지 선택지밖에 없지만, 부모가 강제로 시킨 것이 아니라 스스로의 자유의지로 결정한 것이기 때문에 '자신이 결정했다는 만족감'으로 큰 저항 없이 약속을 지키는 것입니다.

이 비법은 이 닦기뿐만 아니라 다른 어떤 경우에도 적용 가능합니다. 오늘 한 번 시도해보세요. 둘 중에 하나를 골라 약속을 지킬 겁니다. 신기할 정도로 말입니다. (단, 13살 이상이 되면 잘 먹히지 않는다는 단점은 있습니다.)

아이에게 최대한의 '자기 결정권'을 주어야 합니다. 아이는 옳은 선택이든, 그른 선택이든 자신이 선택한 일에는 불평불만이 덜할 수밖에 없습니다. 비록 두 개의 선택지 중 하나일지라도, 아이 스스로 판단하고 결정한 것이기 때문입니다. 이런 경험은 아이의 책임감을 키울 수 있는 방법이기도 합니다. 자신이 선택한 일을 책임지는 방법을 자연스럽게 익힐 수 있기 때문입니다. 또한, 자기 결정권을 가지며 자란 아이는 어른이 된 이후 독립적이고 자기 주도적인 삶을 잘 꾸려나갈 수 있습니다.

인형 놀이를 하느라 오늘도 이를 닦지 않으려는 아이에게 아이의 생각을 먼저 물어보세요. 너의 결정을 존중하겠다는 진지한 눈빛과 함께.

"이 먼저 닦고 인형 놀이 할래?"

"인형 놀이 30분하고 이 닦을래?"

아이는 잘못을 알고 있습니다

침묵하기

작은아이가 9살 때 일입니다. 학교를 마치고 집으로 돌아온 아이가 방으로 들어가 꼼지락꼼지락 뭔가를 하는가 싶더니, 이내 방에서 나와 부랴부랴 신발을 신었습니다. 그런데 놀이터에서 조금 놀다 오겠다며 엉거주춤 서둘러 나가려는 아이의 행동이 어딘가 부자연스러웠습니다. 표정은 태연하려고 노력한 것 같은데, 너무나 티가 나게 손을 뒤로 숨기고는 허겁지겁 나가는 모양새가 무척 수상했습니다. 아니나 다를까, 두어 시간이 지나고 다시 집에 돌아온 아이 손에는 못 보던 작은 장난감 하나가 있었습니다. "그거 못 보던 장난감이네." 물었더니, 학교에서 친구가 줬다고 대답했습니다.

그런데 부모의 무서운 직감으로 보건대, 아니 직감까지도 필요 없었습니다. 엄마와 제대로 눈을 마주치지 못하고, 대답에 확신 없이 말끝을 흐리는 아이에게서 거짓말임을 눈치채지 못할 부모는 없습니다. 상황을 보아하니 아까 아이가 방에서 몰래 돈을 가져가 문구점에서 뽑기를 한 것 같더군요. 적은 돈이었지만, 제 허락 없이 돈을 가져가고, 친구가 준 장난감이라고 거짓말까지 하는 이 녀석을 혼낼까 말까, 현명하게 대처하는 방법은 무엇일까 고민하는 와중에 친정엄마가 예전에 했던 말이 불현듯 떠올랐습니다.

어느 날 친정엄마와 이런저런 얘기를 나누던 중, 친정엄마에게 물었습니다.

"근데 엄마, 내가 대학생 때 책 산다고 엄마한테 거짓말하고 돈 받아서 친구들과 술 먹고 놀러 다녔는데, 내가 거짓말하는 거 알았어?"

친정엄마는 까던 쪽파를 한쪽으로 밀어놓으며 덤덤히 대답합니다.

"알고도 속고, 모르고도 속고…."

그때 친정엄마가 한 말을 저도 따라 읊조리며 아이에게는 아무 말도 하지 않고, 저녁 준비를 하러 부엌으로 갔습니다. 그날 밤, 작은아이와 함께 잠자리에 누워 아이를 살포시 끌어안으며 나지막이 그리고 짧게 말했습니다.

"앞으로, 돈은 엄마에게 허락받고 가져가야 한다."

그 말이 떨어지기가 무섭게 아이가 갑자기 제 가슴에 얼굴을 파묻었습니다. 제가 무슨 말을 더 꺼내려 하자 더 깊이 제 가슴팍으로 얼굴을 묻고 차마 고개를 들지 못하더군요. 완벽한 범죄였다고 스스로를 달래면서도 꽤 마음을 졸였나 봅니다.

어쩌면, 부모의 따끔한 야단과 충고가 아니어도 아이들은 스스로 자신의 잘못을 인지하고 반성하고 있는지도 모릅니다. 부모에게 대놓고 야단맞을 때보다 더욱더 마음 졸이며 말입니다. 때로는, '침묵과 묵인'도 괜찮은 훈육 방법이 될 수 있겠다는 생각이 드는 하루였습니다. 다시 그때 친정엄마의 그 말을 조용히 읊조려 봅니다.

"알고도 속고, 모르고도 속고…."

아이의 문제는 시간이 해결해줍니다

기다려주기

작은아들은 말이 트이는 과정이 느렸습니다. 4살이 되어도 제대로 된 문장을 말하지 못했습니다. 아주 심각하게 여기지는 않았지만, 부모 된 마음으로 걱정이 전혀 없었다면 거짓말일 것입니다. 6살, 4살 두 아이를 데리고 놀이터에 나간 어느 날이었습니다. 아이들은 놀이터가 제 안방인 양 퍼질러 앉아 모래 놀이를 하고, 저는 그런 아이들을 바라보며 둘이서 잘 노는 모습에 흐뭇함 반, 모래가 잔뜩 묻은 옷을 세탁할 생각에 우려 섞인 걱정 반을 하며 구석에 있는 벤치에 혼자 우두커니 앉아있었습니다.

30분 정도 흘렀을까, 동네 마실 나온 할머니가 제 옆에 앉으셨습니다. 자연스럽게 할머니와 이런저런 이야기를 나누게 되었는데, 할머니께 작은아이가 말이 느려 걱정을 좀 하고 있다는 푸념 겸, 넋두리를 늘어놓았습니다. 그랬더니 할머니가 제게 한 가지를 물어보셨습니다. 아이가 '엄마'라는 말은 하냐고요. 엄마, 아빠는 또렷하게 말할 수 있다고 무슨 대단한 자랑하듯 자신 있게 대답했습니다. 그랬더니 할머니가 대뜸 말씀하십니다.

"벙어리는 아니네, 벙어리 아니면 됐다. 아무 걱정하지 마라."

저는 갑자기 웃음이 튀어나왔습니다. '벙어리 아니면 됐다!' 그 아무것도 아닌, 다소 어처구니없는, 조금은 황당하기까지 한 할머니의 말에 너무도 안심이 되었기 때문입니다. 아니, 안심을 넘어서 큰 걱정거리 하나를 훌쩍 덜어낸 기분이었습니다. 아이가 걱정되는 마음에 찾아본 전문가의 소견보다 더 강력한 처방이 되었습니다.

지금 그 작은아이가 12살이 되었습니다. 학교에서 돌아온 아이가 복도에서 뛰다가 교감 선생님께 혼난 이야기, 점심시간에 맛없는 반찬이 나와서 국물에 담가 숨겼다는 이야기, 친구가 '쫄보'라고 놀려서 대판 싸운 이야기 등 학교에서 있었던 일을 쉴 새 없이 조잘조잘 떠들어댑니다. 할머니의 말씀이 옳았습니다.

아이 문제에 있어 최고의 명의는 바로 '시간 의사'입니다. 지

금 아이에게 전에 없던 무슨 문제가 생겼다면 당장 병원으로 달려가지 말고, 일단 3일만 기다려보세요. 3일을 기다려도 아이가 똑같은 행동을 한다면 일주일만 더 기다려주세요. 일주일 기다려도 변화가 없나요? 그렇다면 한 달만 더 기다려보세요. 그러면 어느 평범한 날 문득 아이의 문제 행동이 나아졌거나, 사라졌다는 사실을 알게 될 겁니다. 언제 없어졌는지도 모르게 말입니다.

혜민 스님의 말씀처럼, 프라이팬에 붙은 음식 찌꺼기를 떼어내기 위해서는 물을 붓고 그냥 기다리면 됩니다. 그렇게 시간이 지나면 저절로 떨어지기 마련입니다. 수시로 툭툭 튀어나오는 아이들의 문제 행동이나 남과 다른 느린 발달 상태 등을 억지로 고쳐주려 하거나 초조해하며 과도하게 걱정하기 보다는 '시간'이라는 물을 붓고 기다리면, 참 많은 부분이 저절로 해결된다는 사실을 13년 넘게 두 아이를 키우며 알았습니다.

이런저런 어지러운 상념 속에서 괜한 걱정을 키우지 말고, 웬만한 아이들 문제는 시간에 맡겨보세요. 수술하지 않고도, 약을 처방받지 않고도 해결될 수 있습니다. 일주일 지나면 언제 그랬냐는 듯 뚝 떨어지는 감기처럼 말입니다. 이것이 바로 '시간'이 주는 큰 선물입니다.

수필가 윤오영 선생님께서
"끓을 만큼 끓어야 밥이 되지,
생쌀이 재촉한다고 밥이 되나."
라고 말씀하셨습니다.

저는 이 말을 두 아이들을 키움에 있어서
아주 중요한 교육의 지침으로 삼고 있습니다.
그렇습니다.
'끓을 만큼 끓어야' 밥이 됩니다.

습관이라는 씨앗을 심어주세요

안아주기

큰아이는 어릴 때부터 스킨십을 좋아하지 않았습니다. 유아기 때도 뽀뽀나 안아주는 것, 쓰다듬는 것 등을 별로 좋아하지 않았습니다. 보통 영유아기 아이들은 부모의 스킨십을 좋아하는 것과 달리, 스킨십을 할 때마다 딱히 내키지 않는 표정을 짓는 다소 특이한 아이였습니다.

어느 날, 유치원에서 돌아온 아이에게 뽀뽀하려고 하니 아이가 저를 밀어냈습니다. 문득, 가뜩이나 말이 없는 남자아이인데다가 스킨십도 좋아하지 않는 천성이니 사춘기가 오거나 성인이 되면 살갑지 않은 이 아이에게 때때로 섭섭함을 느낄 수도 있겠다는 생각이 들었습니다.

그래서 저는 장기 프로젝트에 들어갔습니다. 일명, '스킨십 성공 프로젝트'입니다. 이 프로젝트의 실천 강령으로 저는 아이에게 일부러 더 과한 스킨십을 시도했습니다. 수시로 하기도 했지만, 특히 매일매일 꼭 해야 하는 종교의식처럼, 유치원에 갈 때, 유치원에서 돌아왔을 때, 그리고 잠자기 직전에 폭풍 뽀뽀를 하고 안아주며 온몸 스킨십을 시도했습니다. 아이가 거부해도 반강제로라도 말입니다.

그렇게 프로젝트를 시작한 7살 때부터 6년의 세월이 흘렀습니다. 그런데 습관이라는 게 참 무섭습니다. 처음에는 스킨십을 내켜 하지 않던 시크한 큰아이가, 엄마에게 먼저 입술을 내미는 감격스러운 날이 왔으니까요. 아이들보다 먼저 잠이 들었던 어느 날, 자는 제 입술에 뭔가가 닿는 느낌이 들었습니다. 잠결에 눈을 떴더니 큰아이가 제게 뽀뽀를 하고 있었습니다. 자고 있는 제 귀에 대고 "엄마! 잘 자. 사랑해!"라는 달콤한 말도 속삭이면서 말입니다. 저는 이제 큰아이가 뽀뽀를 억지로 하지 않는다는 사실을 압니다.

성공적인 결과를 보인 '스킨십 성공 프로젝트'는 그만 종료하려고 합니다. 그리고 아이를 위한 다른 신규 프로젝트에 돌입했습니다. 때때로 다소 부정적으로 말하는 아이를 긍정적으로 말하는 아이로 만들기 위한 '긍정적으로 말하는 아이 만들기 프로젝트'입니다. 제 눈에는 벌써 몇 년 뒤, 무한 긍정 모드로 말하고 있을 큰아이의 모습이 보입니다.

초등학교 3학년 때 첫째가 학교에서 콩을 심은 작은 화분을 들고 왔습니다. 잘 길러 보려고 화분을 해가 잘 드는 창가에 놓아두고 물을 주고 매일 들여다보며 정성을 쏟았습니다. 일주일은 아무런 변화가 없었습니다. 길게만 느껴지던 일주일이 지나자 흙 속에서 쏘옥 작은 새싹이 올라왔습니다. 그리고 다시 물을 주고 정성껏 돌보기를 이주일. 그제야 떡잎이 생겼습니다. 그렇게 한 달이 다 지나서야 줄기가 올라오는 것을 볼 수 있었습니다.

작은 식물조차 이런 인고의 시간이 필요한데, 하물며 100년을 살아갈 사람의 삶은 오죽할까요. 아이들 양육에 있어서도 길고 긴 인내의 시간이 필요합니다. 조급증 내지 않고, 포기하지 말고 아이에게 한결같은 정성을 쏟으며 기다리는 자세 또한 중요합니다. 부모가 쏟은 정성은 느리더라도 반드시 열매를 맺습니다.

당신은 지금 아이를 위해 어떤 프로젝트를 준비 중이신가요? 오늘부터라도 씨앗을 심어 보시길 권합니다.

사랑은 '표현'입니다.
사랑은 품기만 하고 보여주지 않으면
아무 소용이 없습니다.
내가 품고 있는 사랑을 아이에게 보여주세요.

'사랑한다'고 말해주세요.
'뽀뽀'해 주세요.
'안아'주세요.

'표현하는 사랑'만이 아이에게 고스란히 전달됩니다.
그게 말이든, 행동이든, 시선이든,
그 어떤 형태여도 좋습니다.
사랑은 품기만 하고,
보여주지 않으면 아무 소용이 없습니다.
사랑은 '표현'입니다.

아빠의 큰 사랑을 전해주세요

지혜롭기

일요일 점심시간이 다 되도록 침대에서 잠만 자는 아빠를 보고 작은아이가 투덜거립니다.

"아빠는 잠꾸러기야. 만날 잠만 자고. 안 자면 핸드폰하고…."

아빠가 늦게까지 자는 바람에 놀러 나가지 못했다며 속상해하는 아이를 끌어안고, 저는 잘 하지 않는 일장 연설을 시작했습니다.

"민강아, 아빠는 평소에 아침 6시에 일어나서 준비하고 출근했다가 집에 오면 저녁 9시잖아. 하루 종일 몇 시간 일하는 거야? 다른 아빠들과 비교해도 아주 긴 시간 일을 하는 편이야. 아빠는 토요일에도 일하잖아. 유일하게 쉴 수 있는 오늘 하루라도 쉬어줘야 내일 또 우리 가족을 위해 힘을 내서 다시 일하러 나가지. 아빠가 우리 가족을 위해서 아주 많이 희생하고 있는 거야. 그러니 일요일만큼은 푹 쉬시게 해주자. 그리고 평일에는 일하시느라 핸드폰을 자주 못 보니까 쉬는 날에라도 머리를 식힐 겸 핸드폰을 보는 거야. 다른 아빠들은 게임도 많이 하는데 아빠는 게임은 안 하잖아. 유익한 뉴스거리만 보잖아."

침대에 누워 핸드폰에 코를 박고 있는 남편의 엉덩이를 한 대 차고 싶은 심정이야 말로 다 할 수 없지만, 아이들 앞에서만은 아빠 흉을 보지 않는 것이 제 중요한 양육철학 중 하나입니다. 아이들이 엄마와 아빠 모두에게 긍정적인 유대감을 가져야 하기 때문입니다. 끓는 마음은 잠시 묻어둔 채 아이들에게 아빠의 좋은 점만을 말해주고, 때로는 없는 얘기까지 지어내어 아빠를 치켜세워주려 합니다. 그리고 아무래도 자식에 대한 사랑 표현이 서툰 남편을 대신해 저의 '하얀 거짓말'로 아이에게 아빠의 마음을 전달해주려 부단히 노력합니다. 이것이 부자 사이를 이어주는 제 나름의 '지혜'입니다.

"현강아! 아빠가 아까 낮에 회사에서 전화 왔었어. 너 아침에 배 아팠던 거 괜찮아졌냐고 물으시더라."

"민강아! 아빠가 회사에서 전화 하셨어. 너 소풍 재미있게 잘 갔다 왔냐고."

엄마만큼 아이들과 긴 시간 함께 있을 수 없는 아빠의 빈자리를 말로나마 채워주기 위해 저는 오늘도 하얀 거짓말을 만들어냅니다. 두 아이가 아빠를 좋아하고 존경하는 이유가 저의 이런 하얀 거짓말 덕분이라고 말하면 남편이 좀 억울하겠지만, 저는 그렇게 생각합니다. 아이의 마음을 채워주는 하얀 거짓말, 부모와 아이 모두를 위해 때때로 필요합니다.

아이가 부모에게 바라는 것

바라보기

저희 아이들은 제가 놀아주지 않아도 둘이서 없는 놀이까지 만들어가며 참 잘 놉니다. 아이들이 놀 때 저는 주로 아이들 옆에서 책을 읽거나 맛있는 간식을 만들어줍니다.

어느 날, 아이들이 종이컵으로 성을 만들며 놀고 있었습니다. 저는 거실에서 책을 읽고 있다고 생각했는데, 어느새 눈이 감겨 있더군요. 잠깐 낮잠을 자야겠다 싶어 안방으로 들어가려고 하니 작은아이가 막아섰습니다.

"너희는 엄마가 없어도 잘 놀면서 엄마가 좀 자면 어때서? 안 잔다고 해서 같이 노는 것도 아니잖아."라고 말하니, 작은아이가 이런 말을 합니다.

"엄마가 아무것도 안 해도 보이는 곳에 있어야 마음이 편해. 놀다가 궁금한 게 생기면 엄마한테 물어봐야 하고, 내가 만든 거 엄마한테 자랑도 해야 하니까! 그러니까 자지 마. 안 놀아 줘도 되니까, 깨어만 있어!"

그때 알았습니다. 아이들은 부모가 온몸으로 적극적으로 놀아주지 않아도 같은 공간에 함께 있어 주는 것, 노는 것을 지그시 바라봐 주는 것, 뭔가를 말하려고 할 때 세상에 아이와 나밖에 없다는 듯이 눈을 마주치고 이야기를 들어주는 것, 자랑하는 것에 진심 어린 칭찬을 해주는 것만으로도 큰 행복감과 안정감을 느낀다는 사실을 말입니다.

우리가 자식에게 바라는 것이나 기대하는 것보다 아이들이 부모인 우리에게 바라는 것이 훨씬 소박하고 따뜻합니다. 아이들이 무엇을 하는지, 어떤 말을 하는지 늘 따뜻하게 바라봐주세요. 그 시선 속에서 아이가 행복하게 자랍니다.

옥시토신이라는 호르몬이
아이들의 지능 발달에 영향을 미친다는
연구결과가 있습니다.

옥시토신은 '껴안기 호르몬'이라고 불리기도 하는데,
부모가 아이를 안아줄 때 아이들에게 분비되는
호르몬이기 때문입니다.

아이의 지능발달을 원한다면,
지금 당장 공부하라는 잔소리나
학원으로 돌릴 게 아니라
제일 먼저, 안아주십시오.

돈 한 푼 안 들이고 아이를 똑똑하게 만드는
최고의 비법입니다.

당신은 좋은 엄마입니다

죄책감 벗어나기

아이들 사진 수천 장이 하드디스크에 뒤죽박죽 섞여 있어, 아이들 하교 전까지 사진 정리를 마칠 심산으로 컴퓨터를 켰습니다.

컴퓨터 드라이브에 저장된 수많은 폴더를 하나씩 열어보았습니다. 아이들 나이 순서대로 사진들을 정리하다 '4살 현강'이라는 폴더를 열었습니다. 사진 속에 4살 현강이가 있습니다. 오래전 일이라 기억이 희미해질 법도 하건만, 큰아이 4살 때 사진을 보고 있으면 사진을 덮고 싶을 만큼 저릿한 아픔이 밀려옵니다. 인간은 망각의 동물이라는데, 왜 아이에게 미안했던 기억은 어제 일처럼 선연하게 남아있을까요.

육아는 제게 새 생명에 대한 기쁨과 '돌봄'이라는 고단함을 동시에 주었습니다. 특히나 큰아이가 4살, 작은아이가 2살일 무렵 제 육아는 긴 우기였습니다. 매일 아침이면 오늘은 반드시 천사 같은 엄마가 되리라 굳은 다짐을 했지만, 매번 허사였습니다. 동생을 지독히도 거부해서 동생을 안고 모유를 먹이는 엄마를 절대 용납해주지 않던 큰아이 때문이었습니다. 그래서 하루 종일 징징거리는 아이 때문에 화와 짜증과 고성으로 범벅이 된 만신창이 같았던 시간이었습니다. 아이들에게 화를 쏟아냈던 날과 고성을 내질렀던 날들은 여전히 마음속에 고스란히 남아 저를 아프게 하곤 합니다.

"입으로 들어간 건 똥구멍으로 나오는데, 귀로 들어간 것은 나오지 않는다."라는 말이 있습니다. 우리 몸에서 가장 큰 폭력을 행사하는 곳은 팔이나 다리, 손이 아닌, '입'이라는 사실을 두 아이를 기르며 알았습니다. 입에서 나오는 거친 말이 날카로운 칼이 되어 아이들 마음을 베기도 했다는 것을 늦게 알았습니다. 육아가 힘들다는 이유로 아이들에게 짜증과 화를 입으로 쏟아냈고, 그 거친 말의 불길 속에서 아이들이 정서적인 화상을 입기도 했습니다. 그런데 설상가상 그것이 폭력이 아니라고 생각했던 저의 무지가 이제 와 더없이 부끄럽기만 합니다.

모든 부모에게는 잊으려야 잊히지 않는 아픈 기억이 있습니다. 그때만 생각하면 아이들에게 하염없이 미안해지는 일들. 그러나 이제는 그만 이 무거운 죄책감을 내려놓자고 말하고 싶습니다.

잠시 잊고 있었던 일들을 돌이켜 생각해 보십시오. 퉁퉁 부어오르는 손발을 부여잡고 열 달 동안 애지중지 이 아이를 소중히 품고, 하루하루 날짜를 세어가며 만날 날을 손꼽아 기다리던 그 간절한 나날들을. 밤이면 밤마다 울고 보채고 징징거리는 아이를 업고 달래며 맞이한 그 숱한 새벽을. 아이가 추울세라, 감기에 걸릴세라, 따뜻한 물을 방으로 연신 퍼 나르며 손을 바삐 움직여 목욕을 시키고, 인터넷을 샅샅이 뒤져가며 서툰 솜씨로나마 이유식을 정성껏 만들어 먹이던, 그 수많은 수고로운 날들을 말입니다. 미안함에 짓눌려서 잊고 살았던, 아이를 소중히 여기며 정성껏 키웠던 더 많은 날들을 떠올려 보십시오.

저는 첫 아이를 낳은지 13년이 지난 지금도, 새벽에 눈을 떠 두 아이들 방을 오가며 아이들이 발로 찬 이불을 덮어주느라 잠을 설치곤 합니다. 이제야 알았습니다. 저도 썩 괜찮은 엄마였다는 사실과 이만하면 잘해왔다는 사실을. 그리고 앞으로 더 잘 할 수 있다는 것을. 그래서 이제 그만 자책에서 벗어나고자 합니다.

같은 덩치의 말 두 마리가 있습니다. 한 마리는 어미이고 한 마리는 자식입니다. 외관상으로는 별 차이가 없을 때, 어떻게 어미와 자식을 구분할 수 있을까요? 먹이를 줘보면 안답니다. 먼저 와서 먹는 놈이 자식이랍니다. 이 글을 읽고 얼마나 울었는지 모릅니다.

그러고 보니 맛있는 뷔페를 가도 아이들이 제일 좋아하는 음식부터 골라와 그 올망졸망한 입에 먼저 넣어주고, 갈치 한 마리를 구워도 가장 살이 통통하고 맛있는 부분을 골라 아이 입에 제일 먼저 넣어주는 저는 그 자체로 엄마였습니다. 백 번을 아니, 천 번을 미안해도 엄마는 엄마입니다.

아이에게 늘 미안함과 자책감을 가지고 살아가고 있는 대한민국의 후배 육아맘들에게 이 말씀을 꼭 드리고 싶습니다.

"시선 닿는 곳마다 산더미 같은 일이 산적해 있는 도돌이표 같은 육아에 허덕이는 당신, 살림하느라 오늘도 등짝 한 번 편히 붙이지 못한 당신, 제대로 된 밥 한 끼 천천히 먹지 못한 당신, 오늘도 수고했습니다. 당신은 이미 좋은 엄마입니다."

아들아
엄마는 성실한 직원, 착한 친구, 밝은 이웃, 효녀,
우아한 학부모라는
예쁜 가면을 쓰고 지금껏 살아온 듯하다.

아들아
너는 답답하고 어색한 가면을 벗어 던지고
네 '날것' 그대로의 모습으로 살아가려무나.
네 마음이 시키는 대로.

아이의 친구 문제는 '들어주세요'

위로해주기

삼돌맘이라는 닉네임을 가진 블로그 이웃님이 새벽 2시, 그 야심한 밤에 제 글에 댓글을 달았습니다. 걱정이 한가득 담긴 장문의 글이었는데, 내용은 자신의 7살 아이가 너무 소심해서 친구들과 잘 어울리지 못하고 친구들이 하는 말에 너무 쉽게 상처받는다는 것이었습니다. 부모인 자신이 어떻게 아이의 친구 문제를 해결해 줄 수 있을지 조언을 구하고 싶다는 그분께, 제가 가진 생각을 진심을 담아 전했습니다.

삼돌맘님!

아이의 친구관계는 절대 부모가 대신 해결해 줄 수도 없고, 해줘서도 안 되는 영역입니다. 반드시 아이가 '스스로' 헤쳐 나가야 하는 부분이지요.

오직 우리 부모가 해줄 수 있는 건, 유치원이나 학교에서 친구들 때문에 속이 상해 집으로 돌아온 아이의 푸념을 정성껏 들어주고, 마음을 다독여주고, 같이 그 친구 욕도 하면서 집에는 100% 온전한 네 편이 있음을 느끼게 해주는 것입니다. 그것만으로도 아이에겐 큰 위로가 되고, 마음의 안정이 될 것입니다. 부모의 역할은 거기까지입니다.

아이의 문제에 있어 부모가 꼭 구체적인 해결책을 당장 마련해주어야 하는 것은 아닙니다. 전부 해결해 줄 수도 없고요. 어쩌면 아이조차 '해결'을 원하는 게 아니라 그저 자신의 답답한 속내를 들어줄 천군만마가 필요한 것일지도 모릅니다. 털어놓는 것 자체가 치유의 시작이니까요.

집 안에서 부모의 온전하고 건강한 사랑을 받은 아이는, 그 사랑을 방패삼아 세상 밖의 그 무엇도 두려워하지 않고 스스로 헤쳐나갈 수 있습니다. 삼돌맘님의 아이 또한 집에서 충족된 에너지로 다시 집밖에서의 불편한 인간관계를 견뎌내고 스스로 방법을 찾아가며 다시 자신만의 친구관계를 만들어나갈 것입니다.

아이가 유치원이든 학교든 공공기관에서 생활을 하다보면, 친구랑 싸울 수도 있고 마음이 맞지 않을 수도 있습니다. 심한 경우 친구랑 치고 박고 싸우는 날도 있을 것입니다.

공자님께서는 "선과 악이 다 스승이다."라고 말씀하셨습니다.

그러니 그런 과정들도 아이가 커가고, 사회에 적응하기 위해서는 겪고 넘어가야 할 산이라고 생각하는 건 어떨까요?

넘어야 할 산이 있다면 넘게 하고, 건너야 할 강이 있다면 건너게 해야 합니다. 온전히 '아이 스스로' 말입니다. 그걸 너무 마음 아파하고, 심각하게 고민하고, 부모가 나서서 뭔가를 해결해주려 하지 마십시오. 우리도 그런 험한 세상 풍파 다 견뎌내고 지금껏 잘 살아왔잖아요.

당신의 아이도 마찬가지입니다. 분명 당신이 생각하는 것보다 훨씬 더 잘 이겨낼 수 있습니다. 아이가 홀로 설 수 있도록 믿음을 가지고 아이를 묵묵히 지켜봐주세요. 부모의 역할은 '딱' 거기까지가 아닐까요? (물론, 학교 폭력이나 왕따 문제 같은 아주 심각한 경우는 제외하고요.)

아이가 집에 돌아와 친구 문제로 힘들어 하면, 말없이 꼬옥 안아주세요. 조언과 충고에 앞서 아무 말도 하지 말고 침묵으로써 아이의 지친 날개를 핥아주세요. 때로는 언어적 메시지보다, 비언어적 메시지가 더 큰 위로가 됩니다. 부모의 따뜻한 위로가 아이에게 가장 큰 힘이라는 사실을 기억하세요.

넘치는 것보다는 부족한 것이 낫습니다

내려놓기

아이들 어릴 때는 우유 타 먹이느라, 기저귀 갈아주느라, 이유 없이 깨서 우는 아이 달래느라 새벽을 하얗게 지새우는 날이 다반사였습니다. 그런데 이제 그럴 이유가 없는 14살, 12살 아이를 키우면서도 새벽에 서너 번 정도 깹니다. 아이들이 발로 찬 이불을 다시 덮어주기 위해서입니다.

새벽 2시, 큰아이 방으로 들어가 바닥에 떨어져 있는 베개를 들어 아이 머리에 다시 괴어주고, 아이 허리에 뭉쳐져 있는 이불도 조심스레 꺼내어 목까지 가지런히 덮어줍니다. 작은아이 방에 가서도 똑같이 이불 정리를 해줍니다. 그렇게 하룻밤에 서너 번 깨다보니 저는 늘 잠이 부족했습니다. 친구에게 이런 고단함을 토로했더니, 친구가 아이들이 이불을 차든 말든 그냥 내버려 두라고 했습니다. 자기들이 추우면 알아서 덮기 마련이라고. 그 말에 수긍을 하면서도 이불 덮어주기에 대한 집착을 내려놓지 못했습니다.

어느 날, 아이들에게 피곤하다고 말했더니, 작은아이가 대뜸 볼멘소리로 이야기합니다.

"엄마는 늘 집에 있으면서 뭐가 피곤해?"

밤마다 너희들 이불 덮어주느라 잠을 제대로 자지 못해서 피곤하다고 생색을 냈더니, 아이가 퉁명스럽게 말했습니다.

"누가 우리 이불 덮어 달랬어, 앞으로는 덮어주지 마!"

철없는 어린아이의 말인데 왜 그리 섭섭하게 느껴졌을까요. 그래서 그날 밤 바로 실천에 들어갔습니다. 오랜 세월 습관이 되어서인지 2시간 간격으로 눈이 저절로 떠졌지만, 일어나지 않았습니다. 그리고 평소 기상 시간이 되어서야 아이들 방으로 달려갔습니다. 밤새 이불은 잘 덮고 잤을지, 춥지는 않았을지, 갑자기 감기에 걸리는 건 아닌지 온갖 걱정을 한가득 안고 아이들 방문을 열었습니다. 그런데 단 한 번도 이불을 덮고 자지 않던 녀석들이 머리끝까지 이불을 덮은 채로 아주 잘 자고 있었습니다. 추우면 자기들이 알아서 덮는다는 친구의 말이 그 새벽에 제 귀를 쟁쟁하게 때리더군요.

그날 이후로 저는 안심하고 새벽에 아이들 이불을 봐주지 않았습니다. 그리고 10여 년 만에 처음으로 내리 6시간 잠을 청했습니다. 그렇게 푹 자고 나니 다음날 일상 생활도 한결 수월했습니다. 피곤하지 않은 얼굴로 아이들을 대할 수 있었습니다.

아이들 이불 덮어주기를 멈추며 제가 미처 몰랐던 사실도 하나 알게 되었습니다. 아이들도 제가 이불을 덮어줄 때보다 숙면을 취한다는 사실입니다. 제가 방에 들어가면 아이들이 잠에서 깨 오줌을 누거나 물을 마시고 오는 날이 많았는데, 그런 것들이 모두 아이들의 숙면을 방해하고 있었습니다. 아이들을 위해서 해오던 일이었지만, 결국 과도한 걱정으로 인해 그 누구도 편안하지 않은 밤을 보내왔던 것입니다.

내가 주는 100%의 애정이 아이에게도 100%로 받아들여지는 게 아니라는 것, 때로는 내가 주는 애정이 '잘못된 애정'일 수도 있다는 것을 10여년 만에 깨달은 저는 참으로 못난 엄마입니다. 식물을 잘 키우려면 식물에게 충분한 양의 물은 필수지만, 너무 과도한 물은 뿌리를 썩게 한다는 것과 식물에 따라 적은 양의 물이 필요한 경우도 있다는 사실을 알아야 합니다. 자식 또한 이와 마찬가지입니다. 내 자식에게 알맞은 '적절한' 사랑을 주고 있는지, 때때로 점검이 필요합니다. 아이에게 최적의 사랑을 주기 위해 부모가 늘 고심해야 합니다.

아이가 '최우선'임을 느끼게 해주세요

아빠의 역할

제 남편, 50세 박이열 씨는 무척 성실한 사람입니다. 매일 아침 6시에 일어나 출근 준비를 하고 저녁 9시가 다 되어가는 시간, 젖은 솜이 되어 집으로 귀가를 합니다. 좋아하지도 않는 일이지만 2001년도에 입사하여 2020년 현재까지 하루의 결근도 없이 성실히 회사를 다니고 있는 남편입니다. 대기업이 아닌지라 연차도 없고 토요일도 일을 할 때가 더 많습니다. 너무나 긴 근무시간, 자신만의 취미 생활 하나 없이 오로지 가족들을 위해 일만 하는 남편에게 항상 고맙고 미안한 마음입니다. 그렇기 때문에 쉬는 날이면 하루 종일 누워서 TV를 보거나 스마트폰을 보는 남편이 아이들 교육에 좋지 않을 것 같아 불만임에도 불구하고, 저는 남편에게 단 한 번도 TV나 스마트폰을 가지고 잔소리를 하거나 화를 낸 적이 없습니다. (다른 일로는 엄청 싸우는 부부인데도 말입니다) 그것이 팍팍한 살림에 지금 그가 할 수 있는 거의 유일한 '휴식' 이자, '취미'임을 너무나 잘 알기 때문입니다.

하지만 그럼에도 아이들을 위해 좀 더 좋은 모습을 보여주려 노력하지 않는 남편이 때때로 못마땅하게 느껴지고 화가 나기도 했습니다. 괜한 심술이 나는 날이면 나 혼자만 이리 노력하면 뭐 하나 억울한 마음도 들었습니다. 그러던 어느 날, 한 인터뷰 기사에서 이런 구절을 발견했습니다.

"제 아버지는 제가 방에 들어가면 읽던 책을 덮으셨어요. 그런 태도가 최고의 옷이나 학원보다 소중해요."

최성애 HD행복연구소 소장

별 내용 아닌 이 두 줄의 문장에 저는 눈을 뗄 수가 없었습니다. 내 남편도 그런 남편이면 좋겠다는 절절한 아쉬움이 생겨 처음으로 남편에게 부탁해야겠다고 마음먹었습니다. 말로 전하면 잔소리처럼 느껴질까 싶어서 기사 속 문장을 함께 적어 핸드폰 문자로 보냈습니다.

"자기야 부탁이 하나 있어. 집에 오자마자 핸드폰부터 보는 모습이 아이들 교육에 좋을 것 같지 않아. 퇴근하고 집에 오면 내가 밥 차릴 동안만이라도 핸드폰을 안 봤으면 좋겠어. 내가 밥을 하는 동안 아이들에게 오늘 있었던 일도 묻고, 아이들과 이런저런 대화를 잠깐이라도 나눠주면 더없이 좋겠어. 그리고 한 가지 더. 아침에 일어나자마자 이불 속에서 핸드폰 보고 있는 모습도 아이들이 안 봤으면 좋겠는데… 이 두 가지 부탁 좀 들어줄래?"

이 문자에 남편은 아무런 답장도 하지 않았습니다. 간절한 바람을 담아 적은 문자였지만, 남편이 부탁을 들어주지 않아도 어쩔 수 없다는 마음으로 보낸 것이기에 아쉽기는 해도 크게 실망하지는 않았습니다.

그날 저녁, 평소에는 집에 오자마자 옷을 갈아입고 저녁 밥상을 기다리며 핸드폰부터 잡던 남편이 웬일로 핸드폰을 보지 않고 곧바로 아이들 방으로 들어가더군요. 아이들에게 뭐하고 있냐고 묻고, 저녁은 먹었냐고 물으며 대화를 나누는 모습이 생소하기도 하고 고맙기도 했습니다.

그리고 그 주 주말 아침, 기대와는 달리 남편은 일어나자마자 핸드폰을 잡았습니다. 그런데 아이들이 안방으로 걸어오는 소리를 듣더니 얼른 핸드폰을 이불 속에 숨기더군요. 얼마나 고마웠는지 모릅니다. 그러나 하루 이틀 하다 말겠거니 싶어 또 큰 기대는 하지 않고 있었습니다. 그런데 지금 남편은 수개월째 꾸준히 그 약속을 지키고 있습니다. 그 두 줄의 글이 남편에게도 작은 울림을 주었나 봅니다. 이 자리를 빌려 아직까지 말하지 못했던 제 마음을 전해 봅니다.

"고마워 여보, 많이."

밑져야 본전, 오늘 당신도 남편에게 소중한 아이를 위한 부탁의 문자를 한 통 보내보세요. 아이를 키우는 숭고한 일에 엄마와 아빠의 일이 따로 있지 않을테니까요.

마음으로 주는 선물

정서적 보살핌

새벽 4시, 저의 하루가 시작되는 시간입니다. 오늘은 평소와 다르게 편지를 쓰는 것으로 하루를 시작합니다. 미리 사놓은, 큰아이가 좋아하는 우주 그림이 있는 편지지를 펼치고 "사랑하는 나의 큰아들 현강이에게."라는 문장을 시작으로 편지지의 여백을 정성껏 채워갑니다. 코끝이 찡해졌다가, 마음이 아련했다가를 반복하며.

편지를 마치고 큰아이 방으로 들어갑니다. 한창 꿈나라인 아이가 깰세라 최대한 숨죽여 책가방에서 필통을 꺼내 그 속에 편지를 조심히 넣어놓습니다. 1교시 수업 시간에 연필을 꺼내려 필통을 열었을 때 예상하지 못한 엄마의 편지에 깜짝 놀랄 아이의 행복한 얼굴을 상상하며 방을 빠져나옵니다.

아이들과 남편이 각자의 일터로 떠나고, 서둘러 집 앞 대형 마트로 향합니다. 평소에 안 사던 한우도 사고, 튼실한 튀김용 새우도 사고, 탕수육 거리도 삽니다. 아이들이 먹고 싶다고 해도 한 번도 사준 적 없던 망고와 비싸서 자주 사지 않았던 딸기도 카트에 담았습니다. 빵집에 들러 케이크 비슷하게 생긴 동그란 모양의 빵을 하나 골라 들고 집으로 돌아갑니다.

오늘은 큰아이의 생일입니다. 두 아이를 13년 동안 키우면서 여태껏 저는 아이들에게 따로 생일 선물을 사준 적이 없습니다. 그 흔한 장난감 하나도요. 대신 저만의 특별한 생일 선물 두 가지를 준비합니다.

하나는, 정성 들여 만들어주는 맛있는 생일상입니다. 아이들이 좋아하는 여러 가지 음식을 고급 레스토랑처럼 예쁜 그릇에 담아 선물합니다. 엄마가 오로지 자신을 위해 정성껏 만들어주는 음식은 단순히 '먹을 것'이라는 물성을 넘어서서 엄마의 사랑과 행복, 치유, 위로, 위안의 따뜻한 감정이 담긴 '음식 이상'의 의미로 아이에게 다가갈 것이라고 믿으며 말입니다.

다른 하나는 아이들 필통에 몰래 넣어두는 편지입니다. 이 편지에만큼은 그동안 낯간지러워서 하지 못했던 사랑의 말들을 쏟아내 봅니다. "내 아들로 태어나줘서 고맙다."라는 따뜻한 말과 어른이라는 어쭙잖은 자존심에 하지 못했던, 그간의 미안했던 일들에 대한 사과도 슬그머니 몇 줄 끼워 넣습니다.

언젠가 내가 업어주던 아이의 등에 내가 업히게 되는 날, 그리고 돌아올 수 없는 먼 여행을 떠나는 날, 정성 가득한 생일 음식과 낯간지러웠던 엄마의 편지가 아이들에게 애틋하게 기억되기를. 또한 아이가 어른이 되어 사회의 모진 풍파를 헤쳐 나갈 때, 엄마에게 진심으로 사랑받았던 따뜻한 기억들이 아이에게 힘이 되어 줄 것이라 믿습니다.

오래 전 〈베이징 저널〉에 이런 일화가 실렸습니다.

중국 상하이의 한 소년이 주말에도 쉬지 않고 일하는 아버지에게 물었습니다.

"아빠는 하루에 얼마를 버세요?"

아버지는 심드렁하게 답했습니다.

"그건 알아서 뭐하게? 30위안밖에 못 번다."

그로부터 한 달이 지난 토요일 아침, 소년이 막 출근하려는 아버지를 막아서며 말했습니다.

"아빠, 잠깐만요. 오늘 하루만 제가 아빠를 고용하면 안 돼요?"

소년은 주머니에서 20위안 지폐 두 장을 꺼내고는 아버지의 손에 꼭 쥐여주었습니다. 이 40위안을 모으기 위해 소년은 한 달 동안 매일 점심을 만두 두 개만 먹었습니다. 소년은 30위안으로 아버지의 시간을 사고, 나머지 10위안으로 공원 입장권과 아버지의 도시락 하나를 사려고 했습니다.

부모님들이 한 번쯤 곱씹어봐야 할 이야기입니다. 아이들에게 '물질적인 보살핌'을 제공한다는 명목 아래, 아이에게 정말 필요한 '정서적인 보살핌'은 뒤로 조금씩 밀려나고 있는 건 아닌지, 바쁜 발걸음을 멈춰 돌아볼 필요가 있습니다. "비극은 인생이 짧다는 것이 아니라, 정말 중요한 것이 무엇인지를 너무 늦게 깨닫는다는 것이다."라는 말이 떠오릅니다. 우리 모두 내 아이에게 정말 중요한 게 무엇인지 너무 늦게 깨닫지 않기를 바랍니다.

아이들이 부모에게 원하는 건 참으로 소박하지만 따뜻한 그 '무엇'입니다.

사랑의 다른 표현 방식

표현하기

저는 아이들이 어릴 때, 어린이집이나 유치원에서 보내오는 알림장 수첩에 하루도 거르지 않고 매일매일 빼곡한 메모를 달아 다시 선생님께 돌려보냈습니다. 일체의 가식을 걷어내고, 진심을 담아서 썼습니다. 두 명의 아이를 기르는 일도 이렇게 벅찬데, 그 많은 어린아이를 데리고 매일 고군분투하고 계시는 선생님께 드리는 일종의 감사편지였습니다.

아이들이 초등학생인 지금, 저는 아이들 학교에 잘 가지 않습니다. 그러나 일 년에 두 번은 꼭 갑니다. 참관 수업과 운동회가 있는 날.

일 년에 두어 번 있는 학교 가는 길, 외모에 크게 관심이 없는 저지만 학교 선생님을 뵈러 갈 때는 겉모습에 꽤 신경을 씁니다. 수수하지만 초라하지 않게 정성을 들여 한 듯 안 한 듯 내추럴한 화장을 하고, 장롱 속에 있는 옷 중에 가장 단정하고 깔끔한 것으로 챙겨 입습니다. 거울을 보고 눈곱은 없는지, 이빨에 고춧가루는 안 끼었는지, 얼굴에 각질은 일어나지 않았는지, 유심히 얼굴 구석구석을 살핍니다. 평소에 안 쓰던 향수도 살짝 뿌리고는 전신거울 앞에 서서 자연스럽게 미소 짓는 것조차 연습합니다. 시선 처리, 입꼬리 모양까지 말입니다. 마지막으로 선생님께 드릴 인사 멘트까지 준비하고 나서야 집 현관문을 나섭니다.

저는 아이들 선생님께 일 년에 세 번 손편지를 씁니다. 스승의 날에 한 번, 여름방학 시작할 때 한 번, 모든 학기를 마친 다음 해 2월, 담임 선생님과 진짜 헤어지는 마지막 봄방학 종무식 때 한 번, 한 글자 한 글자 정성을 담은 손편지를 전해드립니다. 천방지축 개성 강한 20여 명의 아이를 데리고, 일 년이라는 대장정의 험난한 여행을 떠나는 선생님의 고단함을 누구보다 이해하고 있기에, 진심으로 감사한 마음을 꾹꾹 눌러 담아 장문의 편지를 씁니다.

알림장에 메모를 다는 일이나 선생님께 편지를 쓰는 일은, 정성을 필요로 하기에 생각보다 품이 많이 듭니다. 그렇지만 이 일을 그만두지 않는 이유는 이렇게 아이와 관련된 크고 작은 모든 일에 정성을 쏟는 엄마의 모습에서 아이가 사랑을 발견하기를 바라기 때문입니다. 아이가 가장 많은 시간을 보내는 학교를 부모가 중요하게 생각하고 있다는 것을 아이에게 에둘러 표현하는 방법이기도 합니다.

이것이 빠듯한 수입이라 물질적으로 풍족하게 해줄 수 없는 못난 엄마인 저의 아이를 향한 '숨은 사랑법'입니다. 두 아이들에게 물질적으로 양껏 사랑을 표현할 수는 없지만, 다른 방법과 형태로 자식에 대한 제 사랑을 표현할 길이 있다는 것에 감사할 따름입니다.

오늘, 자식을 향한 당신만의 숨은 사랑법과 표현법을 찾아보는 것은 어떨까요? 아이들은 보이지 않더라도 온몸으로 그 사랑을 느낄 수 있습니다.

당신이 행복하면 좋겠습니다

엄마가 행복하기

“자기는 왜 우리 친정엄마한테 안부 전화 안 해? 왜 나만 시댁에 꼬박꼬박 전화해야 하는 거야? 당신도 안 하는 전화를!”

친정엄마 안부 전화 문제로 남편과 대판 싸운 어느 날 저녁, 과자 부스러기를 소파에 흘렸다는 별 거 아닌 이유로 아이들에게 화를 쏟아냈습니다. 애꿎은 아이들에게 괜한 불똥이 튄 것입니다. 그러고 보니 내 속이 시끄러운 날이면, 어김없이 화는 아이들에게로 향하곤 했습니다. 옳지 않은 일인 줄 알면서도 제 마음을 제가 어쩌지 못했습니다. 그렇게 아이들에게 화를 내면 더 속상해지기만 하는 걸 아는데도 말입니다.

꽤 오랜 시간이 흐른 뒤에야 깨달았습니다. 아이를 위해 무엇을 더 잘해줄까 고민하기에 앞서 '내가 행복하면' 된다는 사실을. 아이들이 정서적으로 안정되기를 바란다면, 양육의 주체인 부모가 정서적으로 먼저 안정되어야 합니다. 아이들도 부모의 이유 있는 훈육과 화풀이식 훈육을 구별하기 때문입니다. 그러니 부모인 당신, 당신이 먼저 행복해지면 좋겠습니다. 부모인 당신이 행복해야 행복한 당신이 키우는 아이들도 행복하게 자랄 수 있기 때문입니다.

아이를 낳고 보니 세상에서 가장 슬픈 명사가 '엄마'라는 말에 무척 공감이 되었습니다. 육체노동과 감정노동의 복합체인 극한 직업이 바로 '육아'니까요. 그러나 이제 우리 아이들에게는 엄마가 '세상에서 가장 슬픈 명사'가 아닌, '세상에서 가장 행복한 명사'가 되길 바랍니다. 아이를 위해서라도, 우리가 먼저 행복해져야 합니다.

아이를 가진 부모는 자신의 휴식을 미안해합니다.
이제는 '당신의 휴식'을 미안해하지 마세요.

지친 얼굴로 아이를 바라보는 것보다
잠시 쉬고,
밝고 환한 얼굴로 아이를 바라보는 것이
더 바람직한 육아임을
저도 아이들을 다 키워놓고서야 알았습니다.

그러니, 힘들면 잠시 쉬어요.
당신의 휴식이 곧 아이를 위한 일입니다.

2장

내 아이에게 행복을 주는 법

아이에게 영원한 선물은
아이가 자라는 동안
부모의 귀와 마음을
열어놓는 것이다.

- 바바라 존슨

동심에 발맞춰주세요

작은 추억 만들기

저는 경제적으로 그리 풍족하지 않았던 집에서 자랐습니다. 평소에는 엄마가 아무리 깨워도 이불 속에서 나오지 않던 우리 사 남매가, 비가 내리는 평일 아침에는 자발적으로 일찍 눈을 떴습니다. 그런 날에는 남매들 사이에 묘한 긴장감과 전운이 감돌기까지 했습니다. 서둘러 씻고, 엄마가 차려준 밥을 먹는 둥 마는 둥 허겁지겁 먹고는 모두 약속이나 한 것처럼 평소보다 빨리 집을 나서려 했습니다. 바로 '우산'을 먼저 쟁취해야 했기 때문입니다. 어려웠던 시절, 저희 집에는 우산이 항상 한두 개밖에 없었습니다. 그것도 우산살이 휘어져 한쪽이 찌그러져 있거나, 녹이 슬어 힘을 주어야만 펼쳐지는 낡은 우산이었습니다.

아이는 네 명, 우산은 많이 있어 봐야 한두 개, 상태는 만신창이었지만 그거라도 먼저 사수하기 위해 모두 부산하게 움직였습니다. 우산을 사수하지 못한 날은 친구를 기다렸다가 같이 쓰고 가기도 하고, 억수 같은 장대비가 아니면 집 근처에 나뒹굴고 있는 사료 포대 중 깨끗한 것을 골라 가방만 대충 덮고는 30분이 넘게 걸리는 학교까지 내달리기도 했습니다.

우산 없이 등교한 어느 날, 아침부터 온몸이 젖은 채로 교실에 들어갔습니다. 젖은 옷이 찝찝해 수업이 마치기만을 손꼽아 기다렸습니다. 반가운 5교시 마지막 종소리가 울리고, 교실 밖은 여전히 비가 내리고 있었습니다. 그러나 학교를 마치고 집으로 돌아오는 길은 아침과는 사뭇 다른 모습이었습니다. 다른 아이들이 옷이 젖을세라 얌전히 우산을 쓰고 갈 때, 저는 엄마한테 혼날 걱정 없이 공식적으로 비를 맞을 수 있었으니까요. 복도 끝에서 저는 전장에 나서는 장수처럼 호흡을 길게 가다듬고 비장하게 빗속으로 몸을 내던졌습니다. 같이 쓰자며 우산을 내미는 친구의 호의도 마다한 채 말입니다.

비가 내립니다. 머리카락 속으로, 목덜미 속으로, 신발 속으로…. 온몸으로 비를 맞는 묘한, 나쁘지 않은 기분을 어떻게 표현할 수 있을까요? 비포장도로의 시골길, 중간 중간 움푹 팬 웅덩이에 고인 흙탕물을 발로 첨벙첨벙 차는 그 통쾌한 기분은 말로 다 표현할 수 없습니다. 우산이 없어 비를 맞으며 혼자 집에 돌아갈 때면 많이 우울했다고 말하는 친구도 있었지만, 저는 온몸으로 비를 맞는 게 너무 좋았습니다. 그것이 짜릿한 해방감과 동시에 작은 일탈의 즐거움으로 다가왔기 때문입니다.

벗어놓은 잠옷, 꺼내놓은 탬버린, 가지고 놀다 팽개쳐둔 레고 조각들, 학교에서 받아온 구겨진 통지서, 아이들이 학교로 떠나간 후 전쟁 폐허처럼 널브러진 잔해들을 치우고 나니, 어느새 점심때입니다. 대충 상을 차려 한 술 뜨려는 찰나, 비가 내리기 시작합니다. 비는 순식간에 폭우로 바뀌었습니다. 시계를 보니 하교 시간이 가까워졌기에 얼른 우산을 챙겨 작은아이를 데리러 학교로 내달렸습니다.

아이의 가방을 받아들고, 혹여 비 맞을까 봐 우산을 단단히 펼쳐주고 집으로 돌아오는 길, 햇볕이 쨍쨍한 날에는 맡을 수 없는 냄새들이 제 코를 자극합니다. 쿰쿰한 젖은 흙냄새와 진하게 풍기는 풀 냄새 등 그 익숙한 냄새들은 불현듯 아이와 걷고 있는 제 앞에 어린 시절 추억을 소환시켰습니다. 엄마한테 혼날 걱정 없이 온몸으로 비를 맞으며 길가 웅덩이를 첨벙거리던 바로 그 시절이 눈앞에 생생하게 펼쳐졌습니다.

대뜸 작은아이에게 제안했습니다.

"민강아, 우리 우산 쓰지 말고 비 맞고 걸어가 볼까?"

"우산 안 써도 돼? 그럼 옷이 젖잖아?"

"집에 가서 씻고 옷 갈아입으면 돼."

"진짜 그래도 돼? 진짜?"

"그럼 되고 말고. 엄마랑 같이 비 맞아보자!"

그렇게 우리는 쓰고 있던 우산을 접었습니다. 그때 그 시절 10살 아이의 마음으로, 10살 아들과 함께 비를 맞으며 집으로 돌아왔습니다. 머리카락으로, 어깨로, 신발로 떨어지는 비를 느끼며, 오는 길에 드문드문 발견되는 고인 물웅덩이를 첨벙거리며 말입니다. 오염된 공기로 인한 산성비니, 먼지비니 하는 것은 잠시 잊고서 마음껏 비를 즐겼습니다. 처음 느껴보는 '비 맞음'에 아이도 무척이나 즐거워 보였습니다. 어릴 적 제가 느꼈던 그 기분, 그 마음이겠지요. 짜릿한 해방감과 통쾌함, 작은 일탈의 즐거움…. '동심'은 예나 지금이나 변함이 없을 테니 말입니다.

대한민국의 교육 실태를 다룬 EBS 다큐멘터리 프로그램에서 서울대를 자퇴한 어떤 청년이 했던 말을 아이들과 함께하는 매 순간 기억하려 노력하고 있습니다. 그는 자신의 어릴 때를 되돌아보면 행복했던 기억이 없다고, 아니 어릴 때 기억나는 특별한 일이 거의 없다고 했습니다. 학교, 학원, 집, 학교, 학원, 집, 다람쥐

쳇바퀴 돌듯 공부만 했던 어린 시절에 특히 부모님과 쌓은 그 어떤 행복했던 추억도 없다고요. 서울대를 자퇴하며 늦었지만, 이제라도 행복한 추억을 만들어보려 한다고 말했습니다.

어린 시절의 기억은 아이의 평생을 좌우할 만큼 중요합니다. 아이는 부모의 예상보다 빠르게 자라기에, 함께하는 매 순간순간이 아이가 평생 기억할 따뜻한 추억이 될 수 있도록 노력해야 합니다. 아이의 행복! 우리 부모가 아이들을 양육함에 있어 최우선 목표로 해야 하는 것입니다. 그리고 '아이의 행복'이 더 이상 공부, 좋은 대학, 좋은 직장에만 있는 게 아니라는 사실을 이제는 온 마음으로 이해하고 받아들여야 합니다.

소중한 아이의 유년 시절, 아이와 나만의 '소소한 행복 만들기'에 더 집중하는 좀 세련된 부모가 되어 보는 건 어떨까요?

아이에게는 틈이 필요합니다

마음껏 놀게 하기

김해시 한림면 용덕리 장원부락 44번지. 제 어릴 적 고향입니다. 버스를 타려면 '두레'라는 옆 마을까지 30분 정도 걸어가야 2시간에 한 대씩 있는 버스를 탈 수 있는, 분지처럼 고립된 작은 시골 마을입니다. 어린 시절 저는 부모님의 소신 있는 교육철학 때문이 아니라 단순히 경제적인 이유로 학원 한 군데 다니지 않았기에 학교를 마치고 나면 온종일 밖에서 놀았습니다. 가난하기도 했지만, 시절이 시절인지라 장난감은 언감생심, 산과 들이 저의 놀이동산이었습니다. 그 대자연이라는 놀이동산에서 저는 친구들과 함께 쉼 없이 뛰어다녔습니다.

뛰고, 뛰고, 또 뛰었습니다. 술래잡기하느라, 숨바꼭질하느라,

날아가는 고추잠자리를 잡느라, 바람에 실려 흩어지는 민들레 씨앗을 따라 도통 '걷는 법을 모르는 아이'처럼 말입니다.

세 명의 아이들이 집 앞, 놀이터 벤치에 앉아 있습니다. 여섯, 일곱 살 쯤 되어 보입니다. 제각기 제법 묵직한 회색 리모컨을 손에 쥐고 있습니다. 한 아이가 왼쪽 위에 있는 동그란 모양의 빨간 버튼을 누릅니다. 그 버튼을 누르자마자 자동차가 자동으로 굴러갑니다. 로봇이 오토바이로 변신을 합니다. 드론이 하늘로 날아갑니다. 아이들은 그 굴러가는 자동차와 변신하는 로봇과 날아가는 드론을 리모컨을 쥐고 앉아서 그저 '지켜보고만' 있습니다. 뿌리가 땅에 박혀 움직일 수 없는 나무처럼, 두 발을 땅에 굳건히 붙인 채 눈으로만 놀고 있습니다.

요즘 아이들은 '발'이 아닌 '눈'으로 놉니다. 최근, 아이들의 발육상태는 과거보다 좋아졌지만, 체력은 약해졌다는 통계가 그 때문인 듯합니다. '걷는 법을 모르는 아이'처럼 뛰어다녔던 그 시절의 저처럼, 지금의 아이들도 그렇게 마음껏 뛰어다니고 놀면서 자라야 합니다. 저는 아이들 독서 교육의 확산에 앞장서고 있지만, 그렇다고 해서 오로지 책만 읽는 '간서치'(지나치게 책을 읽는 것에만 열중하거나 책만 읽어서 세상 물정에 어두운 사람)를 원하지는 않습니다.

조선후기 문장가 홍길주의《수여방필》에 보면 이런 말이 나옵니다.

> "문장은 단지 독서에만 있지 않고, 독서는 단지 책속에만 있지 않다. 산과 시내, 구름과 새와 짐승, 풀과 나무 등의 볼거리 및 일상의 자질구레한 일들이 모두 독서다."

저는 아이들이 어렸을 때 미술관, 음악회, 뮤지컬 등을 경험시켜줄 경제적 여건도 안 되었고 무엇보다 촌무지렁이 아줌마인지라 그런 문화적 소양이 턱없이 부족한, 아니 전무한 부모였습니다. 그래서 찾은 고육지책으로 집 앞 놀이터는 물론, 공원, 산, 들, 바다 등 자연 속에서 많은 시간을 보내게 해주려고 부단히 노력했습니다. 제가 아이들에게 해줄 수 있었던 유일한 문화적 환경이 바로 '자연 속'이었기 때문입니다. 그러나 홍길주의 말에 따르면 그 모든 것이 '독서'였습니다. 자연을 '미의 원본'이라고도 합니다. 의도하진 않았으나 저는 미의 원본인 아름다운 자연 속에서 두 아이를 키운 셈입니다.

TV, 스마트폰, 컴퓨터, 아이패드에서 펼쳐지는 화려한 영상과 디지털 놀이에 빠진 우리 아이들을 자연 속 아날로그 놀이로 데리고 나와야 합니다. 영상은 오감을 자극하지 못합니다. 아이들이 천연 재료인 흙으로 반죽 놀이도 해보게 하고, 공 벌레가 진짜

공 모양으로 바뀌는지 툭툭 건드려보게 하고, 썩어가는 나무 그루터기를 막대기로 파헤쳐보게도 합시다. 디지털 세상 속에서 눈과 귀만 사용해서 시간을 보내고 있는 아이들에게 팔, 다리, 손, 온몸으로 놀 수 있는 '진짜' 아날로그 세상을 알려줘야 합니다.

어른들처럼 하루 종일 TV를 보고, 스마트폰을 검색하고, 쇼핑을 즐기는 '어른 놀이'에 빠져있는 아이들에게 흙놀이, 물놀이, 소꿉놀이, 잡기놀이 등 온몸으로 즐길 수 있는 '아이 놀이'를 돌려줍시다. 그때 그 시절, 도무지 걷는 법을 모르는 아이처럼 온종일 뛰어놀던 우리들처럼.

아동 문학가이자 놀이터 디자이너인 편해문 선생님이 내신 책 제목을 무척 좋아합니다. 짧은 한 줄의 제목만으로도 한 권의 훌륭한 자녀교육서를 읽은 것 같았습니다. 그 책 제목은 바로《아이들은 놀이가 밥이다》입니다. 그렇습니다. 아이들에게 놀이는 그 무엇보다 맛있고 영양가가 풍부한 밥과 같습니다.

《언어의 온도》 이기주 작가에게 어느 절의 주지스님이 말씀하셨다는 이 말은 제가 두 아이들을 양육함에 있어서 정말 중요한 가르침으로 마음에 새기고 있습니다.

"탑을 만들 땐 묘한 '틈'을 줘야 해. 탑이 너무 빽빽하거나 오밀조밀하면 비바람을 견디지 못하고 폭삭 내려앉아. 어디 탑만 그렇겠나? 뭐든, '틈'이 있어야 튼튼한 법이지. 틈은 중요해. 어쩌면 채우고 메우는 일보다 더 중요할지도 모르네."

내 두 아이들에게도 이처럼 중요한 '틈'을 주리라 굳은 다짐을 해봅니다.

놀 '틈'

쉴 '틈'

잘 '틈'

생각할 '틈'

그 '틈' 속에서 작은 씨가 뿌리를 내리고, 작은 새싹을 틔우고, 마침내 '큰 나무'로 자랄 것임을 확신하면서 말입니다. 오늘도 저는 '걷는 법을 모르는 아이처럼' 뛰어노는 제 두 아이들을 물끄러미 바라봅니다. 아이들도 저도 지금 이 순간 충분히 행복합니다.

세상 모든 것이
아이의 장난감입니다

호기심 채워주기

초등학생인 두 아이가 과학책을 읽다가 갑자기 책에 나오는 것들을 직접 실험해보고 싶다며 거실에 각종 물건들을 펼쳐 놓습니다. 그리고는 부엌에 있는 간장이며, 식초, 설탕, 꿀 등의 양념과 냉장고에 있던 소스들을 죄다 갖다 나르며 2시간이 넘게 이런 저런 실험들을 했습니다. 그리고 엄마에게 혼날세라 깨끗하게 뒷마무리까지 해놓고는 큰아이가 이내 종이와 연필을 들고 거실에 앉아 뭔가를 쓰기 시작했습니다. 자까지 동원해 깨끗하게 도표도 만들면서요. 뭘 하냐고 물으니, 좀 전에 실험한 것들을 보고서로 만드는 중이라고 대답합니다. 도표도 만들고, 실험 결과도 분석하여 A4 종이에 빽빽하게 서너 장을 채워 완성한 실험보고서가 제 눈에는 그 어떤 논문보다 더 멋져 보였습니다. 작은아이도 형을 따라 한다며 어설프지만 자기만의 실험보고서를 만들었습니다. 궁금한 것은 몸으로 직접 부딪쳐서 무엇이든 해보는 호기심 왕성한 두 아이입니다.

마트에 가서 아이가 사고 싶다는 장난감 가격을 보면 정말 장난 아닌 가격에 혀를 내두를 때가 많습니다. 그러나 높은 가격표를 붙이고 예쁘게 진열된 화려한 장난감만이 좋은 장난감은 결코 아닙니다. 아이들에게 가치 있는 장난감이란 게 가격에 비례하는 것은 아니기 때문입니다. 저는 두 아이를 장난감 한 번 사주지 않고 지금껏 키웠습니다. 하지만, 아이들에게 어릴 적의 '장난감 부재'로 인한 아쉬움은 단연코 없었습니다.

장난감을 사주는 않는 대신, 집안 물건만큼은 마음껏 이용하도록 허용해주었습니다. 위험하지만 않다면 집안에 있는 거의 모든 것들을 가지고 놀도록 허락했다고 해도 과언이 아닙니다. 이불, 베개, 프라이팬, 쟁반, 냄비, 종이 박스, 휴지심, 노랑 고무줄, 우유통, 종이컵. 이것들 전부가 아이들이 가지고 놀던 물건입니다. 장난감 없이도, 집안에 있는 것들을 활용하여 참으로 잘 놀았습니다. 아이들은 초등학교 고학년이 된 지금도 자신들이 원하는 장난감을 만들기 위해 재료를 찾아서 집에 있는 온갖 잡동사니들을 뒤지고, 설계도를 고민하고, 실패를 거듭하고 다시 만들기를 반복하며 기차를 만들고, 로봇을 만들고, 공룡을 만들어서 놉니다. 완성도는 떨어지지만 제 눈에는 그 모든 과정이 창의력 가득한 창작 활동으로 보입니다.

엄마 뱃속에서 10달을 있다가, 처음으로 세상 밖으로 나온 아기에게는 세상 모든 것이 신기한 장난감으로 보이기 마련입니다. 바람 따라 몰려다니는 바닥에 나뒹구는 나뭇잎 하나, 흙 묻은 돌멩이 하나, 버튼 가득한 리모컨, 다 먹은 케첩 통. 그리고 무엇보다 가장 가치 있는 장난감인 부모의 품, 부모의 등, 부모의 눈길. 이처럼 주변의 흔한 물건과 부모의 몸 하나가 아이를 즐겁게 만드는 만능 장난감이 될 수 있습니다. 당장 오늘, 당신의 부엌 찬장을, 냉장고를, 옷장을, 당신의 온몸을 아이들에게 개방해 보세요. 아이들의 창의력을 키워줄 어마어마한 장난감들이 바로 거기에 있습니다. 그것도 공짜로 말입니다.

아이들은, 길가에서 주운 작은 흰색 총알 3개로도 1시간을 놀 수 있는 존재입니다. 허접한 택배 박스로도 2시간을 놀 수 있고, 다 쓴 휴지심으로도 3시간을 놀 수 있는 게 우리 아이들입니다.

그러니 비싼 장난감을 사주지 못해, 유명한 놀이동산에 데리고 가지 못해, 해외여행을 자주 다니지 못해 미안해 마시길 바랍니다. 아이 손닿는 바로 옆, 아이 눈길 닿는 바로 옆에 놀 거리가 널려있으니까요. 그것들이 아이가 가진 호기심을 충족시켜 줄 세상에서 가장 좋은 '장난감'입니다.

아이들에게 허용합시다.

'말썽' 꾸러기,
'심술' 꾸러기,
'장난' 꾸러기,

아이일 때 해볼 수 있는,
'유일한 특권' 이니까요.

혼자서도 잘 하는 아이를 만드는 법

독립심 길러주기

큰아이가 8살, 1학년 입학식 날이었습니다. 생애 첫 초등학교 수업을 마치고 집으로 돌아온 아이에게 맛있는 간식을 차려주고 식탁에 마주 앉았습니다. 그리고 차분하고 진지하게 며칠 전부터 준비해둔 말을 시작했습니다.

"현강아, 우리 현강이는 똘똘하고, 영민하고, 꼼꼼해서 학교생활을 무지 잘 할 것 같아. 엄마는 우리 현강이를 믿고 있어, 잘 할 수 있겠지?"

아이는 차려준 간식을 허겁지겁 먹으며 조금은 귀찮다는 듯, 빨리 대답하고 끝내고 싶다는 듯, 잘 할 수 있다고 호언장담 하더군요. 아이의 머리를 쓰다듬어주며 이어서 말했습니다.

"현강아! 초등학교는 유치원과 많이 달라. 부모님과 선생님이 도와주는 유치원이랑 달리 초등학교부터는 너 스스로 해야 하는 일들이 많아진단다. 스스로 할 수 있을 정도로 충분히 컸기 때문이기도 하지. 이제 네 수준에 걸맞은 일이 주어질 거야. 혼자서도 충분히 할 수 있는 선에서. 엄마는 되도록 네가 스스로 할 수 있게 옆에서 지켜보려고 해. 도저히 안 될 것 같은 것만 엄마에게 부탁해. 알았지?"

그렇게 아이가 초등학교를 입학하고 저는 철저하게, 조금은 매정하리만큼 아이의 알림장을 봐주지 않았고, 준비물도 일체 준비해 주지 않았으며 숙제도 도와주지 않았습니다. 간간이 주기적으로 "너를 믿어, 스스로 잘 할 수 있지?", "정말 잘했어."라고 응원하고 칭찬하고 격려해주면서도 일체의 직접적인 도움을 주지 않았습니다.

예상했던 대로 아이는 준비물을 몇 차례 빠뜨렸습니다. 알고 있었지만, 그냥 내버려 두었습니다. 하루는 아이가 울면서 집으로 돌아왔습니다. 준비물이 없어서 힘들었다고요. 저는 담담하게 앞으로는 전날 미리미리 챙겨놓으라고 당부했습니다. 그날 이후로도 아이는 한 3개월 동안은 준비물이나 숙제를 제대로 해가지 못했고, 선생님께 혼나는 것 같기도 했습니다.

그러던 어느 날, 학교를 마치고 현관에 들어서며 아이가 펑펑 울더군요. 준비물을 챙겨가지 못해 선생님께도 혼나고 친구들 앞에서 많이 부끄러웠다며. 저는 우는 아이를 꼬옥 안아주었습니다. 그리고 앞으로 더 꼼꼼히 챙겨가라는 조언만 해주었습니다. 그리고 속상해하는 아이를 위해 아이가 좋아하는 탕수육을 만들어 주었지요. 제 역할은 딱 거기까지였습니다. 그러나 그날 이후부터 아이가 준비물과 숙제를 완벽하게 챙겨가기 시작했습니다.

'페이스메이커Pacemaker'를 아십니까? 페이스메이커는 마라토너가 목표시간에 맞게 완주할 수 있도록 안내하는 도우미를 일컫는 말로, 마라토너가 마라톤이라는 길고 긴 자신과의 싸움에서 지치지 않도록 옆에서 '함께 뛰며' 힘을 주는 사람을 말합니다. 요즘 자녀교육서를 읽어보면 부모가 페이스메이커가 되어야 한다는 말이 자주 등장합니다. 아이가 공부, 특히 대학 입시라는 장거리 경주에서 지치지 않도록 부모가 아이의 결승선까지 함께 뛰어줘야 한다면서요.

그러나 저는 부모의 페이스메이커 역할에 반대합니다. 자식에 대한 사랑이 '희생'의 모습이여야 한다는 말에도 반대합니다. 부모라는 이유로, 부모는 그래야한다는 이유로, 잔인하리만큼 '모든 것을 희생하는' 어른의 모습을 강요하는 건 사회적 문제라고까지 생각합니다.

아이와 함께 그 먼 길을 뛰어가야 한다면 부모의 삶은 어떻게 되는 것인가요. 성공한 '아이의 삶'을 위해서 기꺼이 '내 삶'은 희생되어도 될까요? 아이를 위해 내 모든 것을 바쳐 희생하는 것이 과연 바람직한 부모상인지 진지하게 고민해봐야 합니다. 혹여, 모든 것을 바쳐가며 자식과 함께 뛰어주는 부모의 희생이 아이들에게 부담으로 다가가진 않을까요? 그 부담스러움이 나아가 아이의 마음에 부채감으로 자리 잡을 수도 있습니다.

제가 생각하는 건강한 부모의 역할이란 이렇습니다. 스스로 설 수 없는 미숙한 어린아이를, 몸도 마음도 건강하게 잘 키워 출발선에 세워 주는 것. 그리고 부모의 개입은 최소화하고, 아이가 스스로 원하는 결승선까지 무사히 도착할 수 있도록 '레인 밖'에서 열심히 응원하며 묵묵히 기다려주는 것, 부모의 역할은 더도 말고, 덜도 말고 딱 거기까지인 것 같습니다. 부모의 '희생의 크기'가 자식의 '성공의 크기'로 귀결되는 것은 바람직하지 않기 때문입니다.

아이가 태어나는 순간부터 부모와 아기는 수많은 끈으로 연결되어 있습니다. 육체적인 끈, 정신적인 끈, 정서적인 끈, 감정적인 끈, 경제적인 끈. 아이가 커간다는 것은, 그 수많은 끈들을 끊어내는 과정입니다. 그 수많은 끈들을 하나하나 끊어내고 부모와 연결된 그 어떤 끈 하나 없이 아이 '홀로' 설 때, 아이는 '독립된 자아'로 스스로 굳건히 살아가게 될 것입니다.

"어머니는 '의지할 수 있는 사람'이 아니라, '의지할 필요가 없도록 해주는 사람'이다."라는 미국 소설가, 도로시 캔필드 피셔의 말을 무겁게 받아들이고, 아이를 어떻게 키워야 하는지 숙고해보아야 합니다.

아이의 기준을 인정해주세요

다름을 인정하기

"할머니 앞에서 왜 그리 버릇없이 굴어?"

"말끝마다 온통 불평불만이고."

"그리고 도대체 말투가 그게 뭐야?"

친정에 갔다가 집으로 돌아오는 차 안이었습니다. 뒤에 앉은 5학년 큰아이를 야단치기 시작했습니다. 아이는 제 야단에도 굴하지 않고 자기변명을 합니다. 말이 좋아 자기변명이지 속된말로 말대꾸입니다. 변명이 이어지자 저의 목소리는 점점 더 커졌습니다. 큰아이도 억울한 듯 제 소리를 높여 나가더군요. 신호를 받고 기다리는 와중에도 우리의 소통을 가장한 고함은 멈출 줄을 몰랐습니다. 점점 커지는 소리에 차창 밖으로 고함이 새어나갈까 창문을 살며시 올린 채로, 큰아이와의 설전은 집에 도착할 때까지 계속되었습니다.

큰아이는 지금, 그 무섭다는 중2 못지않게 세상 불만 다 가진 듯 툭툭거리며 볼멘소리로 까칠하게 말하는 6학년 사내놈입니다. 제가 한 마디 하면 열 마디쯤 보태어 따박따박 말대꾸를 합니다. 설상가상, 사내아이라 그런지 말투나 표현까지 거칠어 남들이 보면 아주 되바라지게 느낄 정도입니다. 4학년 작은아이도 한 치 다르지 않고요. 하지만 저는 거기에 대해서는 크게 불만이 없는 엄마입니다. 언성이 높아질 때도 있지만 아이의 말대꾸를 일단 다 들어주는 엄마이기도 합니다. 아이의 말대꾸를 당돌하고 버르장머리 없는 것이라며 부정적으로 보는 사람들이 많지만, 저는 말대꾸를 긍정적으로 바라보는 사람 중 하나이기 때문입니다.

말대꾸를 한다는 것은 아이가 자기만의 생각과 기준을 만들기 시작했다는 방증입니다. 또한 자신의 생각이 있다는 건, 자아가 생겨나고 있다는 뜻입니다. 그것을 거침없이 입 밖으로 표현하니 자신감과 용기도 있다고 볼 수 있습니다. (물론 아이들이 말대꾸를 할 때 사용하는 어휘나 말투가 거칠어서 문제가 되기도 합니다만, 그건 아직 어려서 말을 다듬어서 하는 능력이 부족해서 그런 것이며 커가면서 교육에 의해서든, 스스로 느껴서든, 차츰 좋아질 부분이라고 믿고 있습니다.)

요즘, 아이가 당신에게 '말대꾸'를 하기 시작했나요? 그렇다면 버릇없다고 생각하지 마시고 당신의 아이에게 자기 나름의 철학과 소신이 생겨가고 있다는 뜻으로 받아들여 주십시오. 아이들이 커가며 부모에게 하는 말대꾸나 반항은 부모의 욕망대로 살지 않고 자신의 욕망대로 살겠다는 '독립된 자아'의 한 모습으로 봐주어야 합니다.

동서고금을 통틀어 위대한 사람들 중에는 부모 말에 순종했던 사람보다 부모 말에 대항했던 사람들이 더 많습니다. 그러니 아이의 순종을 너무 좋게 볼 이유도, 아이의 반항을 나쁘게만 볼 이유도 없습니다. 오히려 부모가 시키는 대로 따르는 너무 순종적인 아이를 착하다고 좋아할 게 아니라, 부모의 지속적인 사랑과 관심 속에서 안전한 상태에 머물기 위해 자신의 욕구를 누르고 체념하고 있는 건 아닌지, 혹은 자기 결정 능력이 부족한 건 아닌지, 세심히 살펴볼 일입니다. 쉽지 않겠지만 "탯줄을 떼는 순간 아이는 남이다."라는 말을 가슴으로 받아들이고, 아이와 내가 '다른' 사람임을, 아이도 하나의 독립된 개체임을 인정해야 합니다. 아이의 독립성을 인정해야, 자기 주도적인 아이로 자라날 수 있습니다.

강한 것보다 강한 것은 다른 것이라는 말처럼,

'우열'로 아이를 바라보지 말고,

'다름'으로 아이를 바라본다면

부모와 아이를 모두 괴롭히는

'엄친아'라는 단어는 사라질 것입니다.

엄마와 친한 아이 만들기

들어주기

큰아이 초등학교 5학년 때의 일입니다. 아이가 학교에서 돌아와 현관에서 신발을 벗자마자 가방도 내려놓지 않은 채 학교에서 있었던 일을 늘어놓기 시작했습니다. 오만상을 하고는, 투덜투덜 짜증을 쏟아내며 말입니다. 친구 아무개가 자기에게 욕을 하고 주먹으로 명치를 때렸다며 화가 잔뜩 나서는 씩씩거리며 상스러운 단어까지 뱉으면서 격앙된 목소리로 얘기를 했습니다. 한 대 때리고 싶었다는 거친 말까지 하면서 말입니다. 화가 미처 풀리지 않아 흥분해서 두서없이 쏟아내는 아이의 말을 저는 중간에 끊지 않고 끝까지 들어주었습니다. "친구와 사이좋게 지내야지." 라는 고리타분한 조언 따위는 집어치우고 말입니다.

친구관계에 대한 조언이나 충고는 부차적인 문제고, 그 순간만큼은 아이의 터져 나오는 울분을 들어주는 것이 우선순위라고 생각했기 때문입니다. 저는 시커먼 5학년 남자아이가 학교에서 있었던 일을 부모에게 미주알고주알 풀어놓는 상황이 되레 기뻤노라고 솔직하게 말하고 싶습니다. 아이가 사춘기의 정점이라는 중학교 2학년이 되어서도, 학교에서 돌아와 친구들과의 불화를 재잘재잘 말할 수 있으면 좋겠다는 생각을 하며 흥분해 씩씩거리는 아이를 걱정스러움이 아닌 다소 흐뭇한 눈으로 바라보았답니다.

아이가 학교에서 있었던 일을, 그게 기쁜 일이든, 화나는 일이든, 그 얘기를 가장 먼저 들려주고 싶은 사람이 다름 아닌 부모라면, 제 아이는 엄친아가 아닐까요? 완벽한 아이의 대명사 '엄마 친구 아들'이라는 뜻의 엄친아 말고, 엄마와 관계가 좋은 '엄마와 친한 아들' 엄친아 말입니다. 가정의 경제적인 조건을 가지고 계급을 매기듯 금수저니, 흙수저니, 요즘은 황제수저라는 말도 있습니다. 경제적인 금수저로 태어나게 해주지 못했지만, 부모와의 좋은 관계를 가진 '애착 금수저'는 부모의 노력으로 만들 수 있으니 그 얼마나 다행인지 모르겠습니다.

저는 둘 중에 하나를 골라야 한다면 '엄마 친구 아들'인 엄친아보다, '엄마와 친한 아들'인 엄친아를 고르겠습니다. 엄마와 돈독한 관계를 가진 아들이 공부 잘하는 아들보다 좋습니다. 엄마와 친한 아들로 키우는 방법은 아주 간단합니다. 입은 닫고 귀는 열면 됩니다.

조언, 충고, 당부 따위는 잠시 접어두고 그냥 들어주세요. 그 어떤 말도 보태지 말고, 격한 고개 끄덕임과 아이의 말에 무한 지지만을 보내며 모든 말을 끝까지 들어주세요. 이 세상에, 그 어떤 말이라도 걱정 없이 마음 편히 내뱉을 수 있는 온전한 내 편이 한 사람이라도 있다면 정말 든든하지 않을까요? 그것이 바로 내 부모라면 아이에게 더욱더 행복한 일일 겁니다.

아이의 행복은 멀리 있지 않습니다. 당신의 귀를 열어주는 것, 그것이 아이의 행복을 위한 첫걸음입니다.

아이들은,
부모가
공부를 봐주는 선생님이 아닌,
잘잘못을 가르는 판사가 아닌,
바른길로 인도하는 성직자가 아닌,
'그냥 부모' 이길 원합니다.
힘들고 지칠 때 온전히 몸을 기대어 쉴 수 있는,
'그냥 부모'

당신은 지금
아이에게
'그냥 부모' 입니까?

아프게 기억하는 것들 1

믿어주기 1

1층에 위치한 저희 집에서는 놀이터가 한눈에 다 보입니다. 갑자기 놀이터에서 웅성거리는 소리가 들려와서 베란다로 나가보니, 당시 9살이던 작은아이가 어떤 아주머니와 이야기를 나누는 모습이 보였습니다. 그런데 뭔가 심상치 않은 느낌이 들어 얼른 놀이터로 나가 그 아주머니께 무슨 일이냐고 물었습니다. 우리 아이를 가리키며 이 아이 엄마냐고 대뜸 묻기에, 그렇다고 대답을 했습니다. 그 아주머니는 잔뜩 화가 나 있었고, 저에게 자초지종을 설명했습니다. 우리 아이가 일부러 자전거로 자신의 아이를 들이받아서 아이가 성기를 다쳤다고요. 그 말을 듣는 순간, 저는 정신을 차릴 수가 없었습니다. 자전거에 부딪힌 곳이 중요한 부위인데다 그 집 아이는 아픈지 계속 울고 있었고, 그런 심각한 상황을 저희 아이가 만들었다고 생각하니, 더구나 그 아주머니의 말에 따르면 작심하고 일부러 그랬다고 하니 제 심장이 주체할 수 없이 떨려오더군요. 머리까지 어질할 정도였습니다.

아이를 노려보았습니다. 그리고 아이의 어떤 설명도 듣지 않고 아이를 혼내기 시작했습니다. 그러자 작은아이는 자기가 그런 게 아니라며 울먹거리더군요. 저는 그때 피해를 당한 아이가 거짓말을 할 리는 없고, 엄마한테 혼나는 게 무서워서 거짓말을 한다고 생각하고 아이를 더욱더 야단치기 시작했습니다. 아이 말 한 마디 들으려고도 하지 않은 채 말입니다. 다친 아이 엄마에게 두 손 모아 머리를 조아리고 최대한 낮은 자세로 얼른 사과부터 했습니다. 그리고 병원비는 걱정 말고 꼭 병원에 가시라고 말씀드렸습니다. 그런데 갑자기 아이가 울분을 터트리며 진짜로 자기가 하지 않았다고 고함을 치더군요. 저는 아이를 노려보며 집에 가서 얘기하자고 아이의 말을 가로막았습니다. 그때였습니다. 옆에서 상황을 지켜보던 세 명의 아이들이 저희에게 다가와 사건의 내막을 자세히 알려주었습니다.

작은아이가 자전거를 세워놓고 그네를 타고 있었는데, 다친 아이가 자전거를 너무 타보고 싶어 했답니다. 한 번 타 봐도 되냐고 물어 작은아이가 거절했는데도 허락도 없이 끌고 가서 타기 시작했다는 것입니다. 그러다가 갑자기 주차장 턱에 걸려 혼자서 넘어지면서 다쳤다는 게 세 아이들의 공통된 증언이었습니다. 결론은 다친 아이가 거짓말을 한 것이었습니다. 저도 그때야 정신을 차리고 옆에서 훌쩍거리고 있는 둘째, 민강이에게 차분히 물었습니다. 그러자 아이가 펑펑 울기 시작했습니다. 그 엄마는 겸연쩍어 하시며 저에게 미안하다는 말을 전했습니다. 저는 사람 좋은 웃음만 지어 보이며 말 한마디 제대로 따지지 못하고 집으로 돌아왔습니다. 아이가 힘없이 자기 방으로 들어가더군요. 그리고 이불에 얼굴을 파묻고 서럽게 울기 시작했습니다.

자신을 믿어주지 않은 엄마가 무척이나 야속하고, 무섭고, 억울했을 겁니다. 꺼이꺼이 눈물을 쏟아내는 아이를 보며 아이 말을 듣지 않고, 믿지 않은 저의 못난 행동에 가슴을 쥐어뜯고 싶은 심정이었습니다. 세상살이가 아무리 힘들어도 '온전한 내편' 한 명만 있으면 살아지는 게 인생이라는데, 온전한 아이의 편이 되어주어야 할 부모가, 마지막 보루가 되어야 할 부모가 그러지 않았으니 아이가 얼마나 두렵고 외로웠을까요. 옳고 그름을 떠나 온전히 아이 편이 되어주었어야 했던 것을….

'온전히 아이 편'이 되어주지 못한 그날 일을 생각하면 지금도 두고두고 가슴 미어집니다. 다시는 그런 일이 없어야겠지만, 만에 하나 또다시 그런 일이 생긴다면 저는 제일 먼저, 내 아이의 말에 귀를 기울이겠습니다. 그리고 '온전히 아이 편'이 되어 주겠습니다. 그 어떤 것도 의심하지 않고, 그 어떤 것도 비난하지 않고 온전히.

아이가 커서, 가슴 시리게 기억하는 날이 아니기를 간절히 바라봅니다.

아프게 기억하는 것들 2

믿어주기 2

"솔직하게 말해봐, 돈 어디에다가 쓴 거야? 다른 물건 샀어? 뽑기 했어? 과자 사 먹었어?"

두 아이들이 눈만 끔뻑거리며 대답하지 못합니다. 몇 번을 물어도 대답하지 않는 두 녀석들, 그 모습에 화가 더 치밀어 올라 더 무섭게 아이들을 채근했습니다.

"빨리 사실대로 말 안 해?"

"진짜 종이하고 연필밖에 안 샀어."

"오천 원 가져갔는데 종이, 연필 사고 남은 잔돈이 없다고? 종이하고, 연필 값이 얼마야? 기껏해야 천 원밖에 안 썼을 것 같은데 왜 잔돈이 없다는 거야? 빨리 솔직하게 말 안 해!"

두 아이들은 고개를 푹 숙인 채 아무 말도 하지 않습니다. 엄마의 무서운 추궁이 계속되는 데도 말입니다.

큰아이가 10살, 작은아이가 8살 때였습니다. 학교에서 돌아온 두 아이들이 종이와 연필을 사야 한다며 돈을 달라고 했습니다. 지갑을 열어보니 천 원짜리가 없어서 오천 원짜리를 주고 잔돈은 잘 챙겨 오라고 당부했습니다. 문구점이 조금 멀리 있었기에, 아이들이 빨리 돌아오지 않았습니다. 하던 설거지를 끝내놓고 문구점으로 가봐야겠다고 생각하는 찰나에 두 아이가 돌아왔습니다. 왜 이리 늦었느냐고 물었지만, 두 녀석들은 별 말이 없었습니다. 남은 잔돈은 엄마 지갑에 넣어놓으라는 말이 떨어지기가 무섭게 큰아이가 잔돈이 없다고 작은 목소리로 말합니다. 사고 싶은 게 있어서 샀다고 솔직하게 말하면 그냥 넘어가련만, 종이와 연필 외에는 산 게 없다고 우기면서 나머지 돈의 행방에 대해서는 아무 말도 하지 않는 아이들의 모습에 화가 났습니다. 눈에 빤히 보이는 거짓말을 하는 아이들의 모습에 화를 넘어서 내가 아이들을 이렇게 키웠나, 하는 자괴감마저 밀려오더군요. 끝까지 솔직하게 말하지 않고, 침묵을 지키는 두 녀석들의 모습에 저는 결국 폭발하고 말았습니다.

도저히 안 되겠던지 작은아이가 울음을 터트리며, 호주머니에서 뭔가를 꺼냅니다. '검은색 머리끈'입니다. 큰아이도 그때서야 잠바 지퍼를 내리고 가슴팍에 숨겨둔 것을 내밉니다. 작은 연두색 수첩이었습니다. 작은아이가 산 것은 늘 노랑 고무줄로 머리를 묶는 저를 위한 머리끈이고, 큰아이가 산 것은 책을 읽으면서 메모를 하는 저를 위한 수첩이었습니다. 며칠 후에 있을 저의 생일 선물로 산 것이었습니다. 울먹이며 엄마를 위해 깜짝 선물을 해주고 싶어 저의 무서운 추궁에도 끝까지 말하지 않았다는 큰아이와 작은아이입니다.

저는 그 자리에서 얼음이 되고 말았습니다. 미안하다는 그 가벼운 말로는 자책의 마음을 다 담을 수 없었기에 차마 사과의 말조차 할 수 없었습니다. 뭔가 말 못 할 사정이 있나 보다, 하고 그냥 넘어갈 걸 그랬습니다. 설사, 허락도 없이 자기 물건을 샀다고 해도 한 번쯤 용서할 요량으로 그냥 넘어갈 걸 그랬습니다.

시간이 지날수록 희미해지지 않고 더욱 또렷하고 아프게 기억되는 일 중 하나입니다. 처음 해보는 엄마 노릇이라, 나도 미흡한 엄마인지라, 한 번쯤 있는 실수였다고 변명과 자기합리화를 해보아도 마음속에 여전히 큰 미안함과 후회로 남아 있습니다. 너무 미안해서 차마 입조차 떼지 못했던 그 순간을 아이들을 기르면서 다시는 반복하지 말자고 되새깁니다.

'통제'에 대한 오해

존중하기

큰아이는 어릴 때부터 몸을 조이는 옷이나 목 부분에 칼라가 달린 옷을 너무나 싫어하는 녀석이었습니다. 목을 조이는 느낌이 무척 답답하다면서요. 친정 언니가 물려준 아이 옷들 중에는 칼라 있는 예쁜 옷이 너무 많았는데, 그 많은 옷들을 다 거부하고 목이 늘어진 라운드 티셔츠만 입으려고 하니 제 속에서는 천불이 나곤 했습니다. 옷을 입히기 위해 처음에는 달래고 부탁하고, 돈도 걸었다가, 끝까지 거부하는 아이에게 급기야 윽박지르고 협박까지 하는 우리의 아침은 매번 전쟁이었습니다. 옷 전쟁.

그러던 어느 날, 매일 반복되는 옷 전쟁이 지겹기도 하고 남편이 그냥 내버려 두라고 진지하게 조언해주기도 해서 마음을 비우고 아이의 옷에 그 어떤 간섭의 말도 하지 않았습니다. 아침마다 잔소리를 하던 제가 입을 닫고 있으니 오히려 불안했던지 큰아이가 제 눈치를 보며 물었습니다.

"아무 옷이나 입어도 돼?"

"그래. 네가 원하는 옷 입어."

"화났어?"

"아니, 네 취향이 있는데 그동안 엄마가 너무 강요한 것 같아서. 근데 현강아, 엄마가 마지막으로 한 마디만 할게. 엄마는 칼라 있는 옷들이 많이 있으니 골고루 활용하고 싶은 거였어. 네가 남들한테 멋지게 보이면 좋으니까. 다른 뜻은 없었어. 그동안 옷 가지고 짜증내서 미안해."

그 다음날, 큰아이가 방에서 나오는데 기절할 뻔했습니다. 지금껏 한 번도 입지 않던, 죽도록 싫어하는 칼라 달린 옷을 입고 나왔기 때문입니다. "뭐가 좀 이상하지 않아?"하고 멋쩍게 물으면서 말입니다.

상대가 원하는 것을 해주는 것보다 상대가 싫어하는 걸 하지 않는 것이야말로 큰 사랑이라는 말이 있습니다. 아이의 사랑이 엄마인 저의 사랑보다 큰 사랑이었습니다.

소아청소년정신과 전문의 오은영 선생님이 〈동아일보〉 칼럼에서 이렇게 말씀하셨습니다.

"우리 문화는 오랫동안 나에게 의미 있는 사람에게 하는 통제를 사랑으로 잘못 생각해 왔다. 연인 사이, 부부 사이, 부모와 아이 사이… 상대를 과도하게 통제하면서 이 사람을 특별히 사랑하기 때문이라고 오해한다. 용서 받을 거라고 여긴다. 하지만 과도한 통제는 사랑이 아니다. 상대에 대한 존중이 없는 사랑은 사랑이 아니다."

이제야 보입니다. 특별한 사랑을 가장한 저의 과도했던 통제가. 물론 내일이 오지 않을 것처럼 아이들을 미치도록 사랑해야 합니다. 하지만 동시에 조심해야 합니다. 그 사랑이 '왜곡된 집착'이 되지 않도록 말입니다. 부모는 아이를 대하는 자신을 늘 되돌아보아야 합니다. 왜곡된 집착을 사랑이라고 말하고 있는 건 아닌지 말입니다. 상대에 대한 존중이 없는 사랑은 사랑이 아닙니다.

받아쓰기 빵점을 받았습니다

회복탄력성 길러주기

작은아이가 8살 때, 학교에서 돌아와 받아쓰기 노트를 내밀며 말했습니다.

"엄마! 나 엄마한테 혼날 일 있어."

"뭔데?"

"나 받아쓰기 빵점 받았어."

저는 대수롭지 않게 웃으며 대답했습니다.

"괜찮아. 빵점 맞을 수도 있지. 그게 왜 혼날 일이야?"

그 다음 주에는 아이가 받아쓰기 10점을 받아왔습니다. 제가 말했습니다.

"어! 엄마가 초등학교 1학년 때 받은 점수랑 똑같네. 갈수록 나아질 거야, 민강이 파이팅!"

그 다음 주에 아이가 30점을 받아왔습니다.

"거봐 갈수록 점수가 올라가지? 잘했어!"

그 다음주에는 70점을 받아왔습니다. 아이를 안아주며 진심으로 칭찬을 퍼부었습니다.

"3주 만에 빵점에서 70점까지 올라왔네. 엄마 어릴 때보다 훨씬 나은데? 우리 민강이 너무 기특하다."

그 다음주, 아이가 현관문을 뛰어들어오며 호들갑을 떨며 고함을 쳤습니다.

"엄마! 나 받아쓰기 100점 받았어!"

어릴 적, 집에서 제가 노래를 부르자 부모님과 형제들이 제가 음치라며 박장대소했던 일이 있습니다. 그때 이후로 저는 노래에 대한 두려움이 생겨 평생 노래와는 담을 쌓고 살아왔습니다. 가족들이 별생각 없이 무심코 붙여준 그 작은 '실패 딱지'가 떨어지지도 않고 평생 제 등 뒤에 붙어 실패에 대한 두려움은 물론, 저의 자신감과 자존감까지 갉아먹었습니다. 이런 경험 때문일까요. 저는 아이 등에 지워지지 않는 주홍 글씨 같은 '실패 딱지'를 붙이지 않으려 부단히 노력하는 부모입니다. 저는 받아쓰기 10점 받았다고 기죽어 있는 작은아이에게 이렇게 말했습니다.

"엄마도 초등학교 1학년 때 받아쓰기 빵점 받은 적 있어. 괜찮아 민강아."

체육 시간에 줄넘기 시험을 통과하지 못해 속상해하는 큰아이에게 말합니다.

"현강아! 엄마도 초등학교 때 줄넘기를 엄청 못했었어. 처음엔 한두 개 정도만 했지. 그런데 연습하니까 자꾸 늘더라."

44년이라는 결코 짧지 않은 인생을 살아오며, 크고 작은 숱한 실패들을 겪었습니다. 학창시절 죽도록 공부했으나, 수능 실패로 원하는 대학에 떨어졌고, 대학교 4학년 때 휴학계를 내고 도전한 컴퓨터 자격증의 반은 실패했습니다. 취업을 앞두고는 지원한 모든 대기업에 떨어져 결국 중소기업에 입사하여 직장 생활을 했습니다. 사업을 해보고 싶어 직장 생활과 병행한 수건 세탁 사업과 비누 사업도 실패했고, 식당 영업에 뛰어들었지만 실패했습니다. 저의 인생은 전부 나열할 수도 없는 크고 작은 실패들로 점철된 삶이었습니다.

저는 제 아이들에게 저의 이런 '실패담'을 종종 아니 자주 들려주곤 합니다. 무슨 무용담 자랑하듯이 말입니다. 하늘같이, 산같이, 크게만 느껴지고 완벽해 보이는 부모의 실패담에 동질감을 느끼고, 그 동질감이 아이에게 작은 위로가 되어 다시 시작할 용기를 낼 수 있는 디딤돌이 될 것이라 믿기 때문입니다.

비록 남에게 내세울 만한 성공적인 일이 하나도 없지만, 그 자리에 가만히 멈춰있지 않고 무언가에 도전하고, 성공을 위해서 고민하고 노력하고 실행하며, 실패해도 다시 일어서 뭔가를 하려 고군분투하는, 저의 인생 전반을 관통하는 '도전 정신과 성실한 태도'는 실패가 제게 준 크나큰 선물입니다.

계획했던 것의 절반만 성공한 7개의 컴퓨터 자격증은 지금 글을 쓰고 블로그를 운영하는 데 도움이 되고 있고, 사업을 꿈꾸며 영업을 했던 경험들은 강의에 큰 도움이 되고 있습니다. 젊은 시절 나를 거쳐 간 그 수많은 경험들은 그게 성공이든 실패든, 지금 이 순간, 내 삶의 든든한 자산이 되고 있음을 목도하는 요즘입니다.

아이들은 어릴수록 자의식이 형성되지 않아, 실수를 부끄러워하지도 두려워하지도 않는다고 합니다. 그래서 아이들이 어릴 때 더 많은 것을 시도하고, 더 많은 것에 실패해보도록 아이에게 '실패할 기회'를 주어야 합니다. 실패와 좌절은 혹독한 스승이 될 수 있기 때문입니다.

중국의 대표적인 기업인 '마윈'은 중국의 쇼핑축제인 광군제가 열리면 하루에 28조를 버는 세계 8위 부자이자, 알리바바 그룹의 CEO였습니다. '실패의 남자'라고도 불리는 이 남자는, 초등학

교 시험에 2번 낙제, 중학교 시험에는 3번 낙제, 대학교도 삼수를 해서 들어갔고 취업시험은 30번 낙방, 어느 한 매장에서는 24명 중 23명을 뽑는데 혼자 탈락을 했습니다. 하버드 대학의 문도 10번을 두드렸으나 결국 실패했습니다. 그리고 인터넷 사업을 시작하고도, 벤처 투자는 38번 거절을 당했다고 하니 '실패의 남자'라는 이름이 붙을 만 합니다.

그러나 마윈은 결국 이런 수많은 실패들을 극복하고 마침내 사업에 성공해서 자신이 그렇게 꿈꾸었던, 하버드 대학교에서 재학생들을 대상으로 강의를 하는 의지의 남자가 되었습니다. 하버드 강의에서 마윈은 1시간동안 이 말을 무려 4번이나 반복하더군요.

"실패에 익숙해져야 한다."

중고서점에 아이들과 함께 책을 사러 갔다가 책장을 살펴보고 있던 중 '세계를 놀래킨 간판쟁이의 필살 아이디어'라는 부제에 끌려 꽂혀있던 책을 끄집어냈습니다. 책 제목은 《광고천재 이제석》으로, 표지 첫 날개에 있는 저자 소개 글이 강렬하게 와 닿았습니다.

"한때 '루저'였다. (중략) 초등학교 때부터 공부보다는 만화만 그리며 시간을 죽였다. 계명대 시각디자인과를 졸업하고, 대학 1

학년 때부터 금강기획, 제일기획 등의 대학생 광고 공모에 꾸준히 응모했지만, 코딱지만 한 상조차 타지 못했다. 졸업 후 수십 군데에 지원서를 넣었지만 아무 데서도 오라고 하지 않았다. 스펙이 밀린다는 걸 알고 동네 간판장이 일을 시작했다. 어느 날 동네 명함집 아저씨에게 굴욕을 겪고 미국 유학을 결심한다."

여기까지 읽고 저는 이 책을 바구니에 담았습니다. 이 책이, 내 가슴을 뜨겁게 하기에는 내가 너무 많은 나이를 먹었지만 적어도 내 아이들의 가슴은 뜨겁게 해줄 수 있을 것 같았습니다. 집에 돌아와 곧바로 책을 집어 들고 읽어 내려가기 시작했습니다.

이제석은 단돈 500달러를 들고 뉴욕으로 유학을 떠났습니다. 그는 뉴욕의 쥐가 득실거리는 작은방에서, 핫도그로 끼니를 때우며 죽을힘을 다해 자신의 한계에 도전했습니다. 그리고 그 숱한 좌절과 고통은 결국 그에게 영광스러운 결과물을 안겨주었습니다. 세계 3대 광고제의 하나인 '원쇼 페스티벌'에서 최우수상을 받은 것을 시작으로 광고계의 오스카상이라는 '클리오 어워드'에서 동상, 미국광고협회의 '애디 어워드'에서 금상2개 등, 일 년 동안 국제적인 광고 공모전에서 29개의 메달을 땄습니다. 그리고 뉴욕의 내로라하는 광고회사에서 러브콜까지 받게 됩니다. 영어 울렁증, 가난, 인종차별, 학력 차별 등의 숱한 실패들을 견디며 얻어낸 값진 열매였습니다.

이제석의 책을 다 읽고, 아이들에게 이제석의 처절한 실패담을 들려주었습니다. 그리고 거실 소파 위에 사뭇 불손한 의도를 가지고 이 책을 올려 두었습니다. 일요일 아침, 잠에서 깨어 거실로 나온 큰아이가 소파에 던져져 있는 책 한 권을 집어 들고는 읽어 내려가기 시작합니다. 제가 어제 전략적으로 놓아두었던,《광고천재 이제석》입니다. 이 책을 읽으며 내 아이도 실패를 즐기게 되기를 바라는 간절한 마음을 가지고 아침밥을 준비하러 부엌으로 향했습니다.

오늘, 당신 아이들 교육에 '실패 교육'도 하나 추가시켜보는 건 어떨까요?

아이에게 오늘을 선물하세요

지금 행복하기

TV를 켜고 채널을 돌리는 중, 낯선 이방인의 모습에 시선이 꽂혔습니다. 〈독일 아내의 산촌별곡〉이라는 다큐멘터리였습니다. 한국으로 시집온 45세 독일인 아내의 한국살이 이야기였습니다. 어느 인적 드문 산골, 독일 아내와 그의 한국 남편이 앞마당에 놓인 대청마루에 앉아 탁 트인 산등성이를 바라보며 고구마를 먹는 장면이었습니다. 문득 독일 아내가 대뜸 한국 남편에게 진지하게 물었습니다.

"한국 사람들은 쉼 없이 열심히 달려가고만 있는 것 같아요. 그 사람들은 그렇게 열심히 달려서 도대체 어디로 가는 거예요?"

그 가볍지 않은 한 문장의 질문에, 제 심장이 멎는 듯했습니다. TV 프로그램이 끝나고, 저녁밥을 준비하러 부엌으로 가서도 독일 아내의 그 말은, 늘어진 테이프에서 흘러나오는 노래 가사처럼 느리지만 강하게 제 귀를 맴돌았습니다.

'그 사람들은 그렇게 열심히 달려서 도대체 어디로 가는 거예요?'

독일 아내가 말한 '그 사람들' 속의 한사람인 나, 나는 그렇게 열심히 달려서 '도대체 어디로' 가고 있는 것인지 스스로에게 물어보았습니다. 아주 진지하게 말입니다. 그 물음에 작고, 힘없이, 내 속의 내가 대답하더군요.

'미래의 어느 멋진 날을 위해….'

불확실한 미래의 어떤 날을 위해 지금의 확실한 현재를 짓밟고 있는 내가 보였습니다. 그리고 그날 밤, 저는 오래되어 손때 묻은 갈색 노트 하나를 꺼냈습니다. 나중에 아이들에게 남겨주기 위해 책을 읽으며 좋았던 구절들, 뒤늦게 깨달은 것들, 저만의 철학들을 적어두는 노트입니다. 거기에 이 한 줄을 정성껏 추가해 두었습니다. 그렇게 살지 못한, 그러나 앞으로는 그렇게 살고 싶은 내게 하는 말이기도 했습니다.

내 사랑하는 아들, 현강아, 민강아. 프랑스의 사진작가인 앙리 카르티에 브레송의 말이 생각나는 밤이다.
"평생, 삶의 결정적인 순간을 찍으려 발버둥 쳤으나 삶의 모든 순간이 결정적인 순간이었다."

너희들은 미래의 멋진 어느 날을 위해, 눈앞에 있는 걸 다 놓치고 살지 않기를. '오늘'이라는 선물을 짓밟으며 무작정 앞으로만 달려가지 말기를. 미래보다 중요한 건 '오늘' 일지도 몰라. 그 수많은 '오늘'이 곧 미래가 될 테니 말이다. 앞으로 다가올 미래도 네 인생이지만, 지금 이 순간도, 네 소중한 인생이란다.

'미래의 어느 멋진 날'을 위해 달려가느라 하루도, 단 하루도 '오늘'을 즐기지 못한 엄마가 가슴 저리게 너희들에게 해주고픈 말이다.

아이가 부모의 경험을 통해서 배우는 것

공유하기

미뤄둔 숙제처럼 마음을 짓누르던 베란다 수납장 청소. 조만간 귀신이 나올 것만 같아 백만 년 만에 큰맘 먹고 정리에 들어갔습니다. 화수분처럼 그 조그만 공간에서 온갖 잡동사니가 쏟아져 나옵니다. 바닥에 산처럼 쌓여있는 잡동사니들 속에서 빛바랬지만 그나마 멀끔한 보라색 상자가 궁금했던지 큰아이가 뒤지기 시작합니다. 그 속에서 버리지 않고 넣어둔 저의 젊었을 적 이력서를 발견한 큰아이가 놀란 토끼 눈을 하고는 제게 묻더군요.

"와 엄마, 컴퓨터 자격증이 7개나 있어? 자격증 엄청 많네!"

그날 저는, 참으로 오래전, 그러니까 20년 전 이야기를 들려주었습니다.

현강아 엄마가 대학교 4학년 때, 휴학계를 내고 일 년 동안 혼자 공부를 하고 있을 때였어. 컴퓨터 자격증을 따놓으면 도움이 될 것 같아서 컴퓨터 자격증을 취득하려고 보니, 컴퓨터학원에 다녀야 할 것 같더라고. 그런데 그땐 엄마 집이 가난했기 때문에 학원비를 내줄 수 없는 형편이었단다. 그러던 어느 날 굳은 결심을 하고 엄마가 다니던 대학교 앞 가장 큰 컴퓨터학원으로 갔단다. 전장에 나서는 군인처럼 비장한 각오로 학원 문을 열고 안으로 발을 내디뎠지. 학원 사무실 입구에 앉아있던 여직원에게 물었어.

"원장님 계세요?"

그 여직원은 크게 따지지 않고 엄마를 원장님께 안내해주었단다. 학원 사무실 소파에 일면식도 없는 원장님과 마주 앉았지. 그분은 무슨 말을 할지 아주 궁금하다는 눈빛으로 나를 빤히 쳐다보셨어. 너무나 떨렸지만, 원장님께 찾아온 이유를 또박또박 설명하기 시작했단다.

"원장님! 제가 이 학원에 다니고 싶은데 학원비를 낼 돈이 없습니다. 그래서 드리는 제안인데요. 매일 아침 학원을 청소하고 컴퓨터 수업 하나만 공짜로 들을 수 없을까요?"

그러면서 정성껏 준비해간 엄마의 이력서와 자기소개서가 든 노란 서류봉투를 내밀었지. 무슨 대기업에 면접 보는 사람처럼 말이야. 원장님은 잠시 코를 만지작거리더니, 엄마의 이력서와 자기소개서를 꼼꼼하게 읽더구나. 지나고 생각해보니 그 시간이 5분 정도였던 것 같은데, 그때는 정말 5시간처럼 길게만 느껴지더라. 원장님이 먼저 말씀하실 때까지 엄마는 아무 말도 하지 않은 채 기다렸어. 얼마의 시간이 흘렀을까. 원장님이 엄마 이력서를 탁자에 내려놓더니, 툭 한마디 내뱉는 거야.

"그러세요."

생각보다 너무 쉽게 허락을 해주셨단다. 엄마는 거절당할 것을 준비하고 갔는데 의외의 대답에 재차 묻기까지 했지. 나중에 원장님께 들은 얘기인데, 그렇게 용기를 내어 제안한 엄마가 기특했다고 하셨어. 그렇게 해서 엄마는 매일 아침 6시에, 학원의 문을 열고 들어가 그 넓은 컴퓨터학원을 혼자서 청소했단다. 청소를 마치고 다시 자취방으로 돌아와 계란프라이와 조미김으로 아침밥을 대충 때우고, 아침 9시에 있는 첫 수업을 들으러 다시 학원으로 가는 생활을 두어 달 했지.

그렇게 두어 달이 지난 어느 날이었어. 그날도 어김없이 아침 6시에 학원 문을 열고 청소를 시작했지. 1시간쯤 지났을까, 마지막으로 남자 화장실 청소를 하고 있을 때였어. 수세미를 들고 남자 소변기에 노랗게 눌어붙어 있는 오줌 때를 맨손으로 박박 긁어내고 있는데, 그 이른 아침 시간에 누가 화장실로 들어오는 거야. 그때 얼마나 놀랐던지.

바로 원장님이셨어. 원장님은 맨손으로 수세미 하나 딸랑 들고 남자 소변기를 닦고 있는 나를 보고 적잖이 놀라시면서, 그 더러운 소변기 청소를 왜 맨손으로 하고 있냐며 묻더구나. 엄마는 머리를 긁적거리며 멋쩍게 웃었지. 원장님은 필요한 서류를 들고 학원을 나가셨어. 다음 날 아침, 원장님이 나를 부르시더구나. 그리고 이렇게 말씀하셨단다.

"어제, 변기 청소하는 모습을 보고 많이 놀랐다. 그리고 고맙더구나. 아무도 없는 학원, 청소를 대충 할 법도 한데 그렇게 열심히 청소해주는 너에게 감동했다."

그리고 잠시 뜸을 들이시더니 말을 이어 나가셨어.

"우리 학원에 있는 모든 컴퓨터 수업을 공짜로 들어도 좋다. 네가 원하는 강좌는 모두 들어라."

엄마는 너무나 기뻤고, 흥분됐지만 그러지 않겠다고 극구 사양하는 척을 했단다. 물론, 다음날부터 온종일 컴퓨터학원에 있었던 건 비밀이야.

이렇게 이력서 한쪽을 꽉 메우게 된, 7개의 컴퓨터 자격증에 대한 이야기를 아이에게 자세히 들려주었습니다. 어쩌면 왕년의 무용담 같은, 케케묵은 이야기지만, 그래서 아이가 지루하게 흘려듣는 것 같아도 저는 저의 젊은 시절, 아이에게 귀감이 될 만한 이

야기들을 시기적절하게 들려준답니다. 그 이야기 속에 담긴 저의 열정과 용기와 성실함을 아이가 닮기를 바라는 마음으로요. 아이는 그 어떤 위인들의 이야기보다, 엄마와 아빠가 몸소 삶 속에서 깨달은 것들을 통해 더 많은 것을 배울 수 있습니다. 위인은 멀리 있지만, 엄마와 아빠는 곁에 있기 때문입니다. 당신의 치열했던 지난 젊은 날의 이야기와 그것을 통해 깨달은 삶의 가치를 오늘 당신 아이에게 들려주세요. 생각보다 진지하게 들을 것입니다.

아이가 느끼는 행복의 척도

웃게하기

일요일 오후 3시, 소파에 앉아 책을 읽고 있는 저에게 작은아이가 투덜대며 묻더군요.

"엄마는 왜 하루 종일 책만 봐? 내가 좋아, 책이 좋아?"

아이의 질문에 저는 읽던 책에서 눈을 떼고 고개를 들어, 아주 진지하게 두 눈을 깜빡거리며 대답했습니다.

"당연한 얘길 왜 물어."

아이가 되묻습니다.

"당연히 누가 좋다고?"

저는 아주 진지한 눈빛으로 천천히 또박또박 대답했습니다.

"당연히… 당연히… 책이 좋지."

학교에서 돌아와 현관에 들어서는 큰아이에게 저는 대뜸 화난 표정으로 말했습니다.

"박현강! 왜 엄마 것을 허락도 없이 가져가. 그것도 통째로 가져가면 어떻게 해?"

"엄마 물건 안 가져갔는데! 뭐가 없어졌는데?"

너무나 놀란 큰아이가 억울한 표정으로 토끼 눈을 하고는 묻습니다. 제가 답합니다.

"내 마음…!"

저는 아이들에게 농담을 잘하는 유머러스한 엄마입니다. 아니, 그런 엄마가 되려고 노력한다고 말하는 게 더 정확합니다.

저에게는 유머에 대한 나름의 철학이 있습니다. 저는 유머야말로 살아가는 데에, 또 인간관계에 참으로 요긴한 무기라고 생각합니다. 무거운 분위기를 가볍게 바꿔놓을 수도 있고, 우울한 기분을 날려줄 수도 있고, 때로는 뼈있는 유머로 우회적으로 본심을 전달할 수도 있는 유머는, 단순한 말장난이라기보다 해학, 여유, 재치, 센스, 유희인 것이죠. 저는 제 아이들이 때와 장소에 맞는 적당한 유머를 구사할 줄 아는, 유연하고 유쾌한 '관계의 달인'이 되기를 바라며 오늘도 유머교육 차원에서 아이들에게 아재

개그를 날린답니다. '극혐'이라며 그만하라고 투덜거리는 아이들 반응에도 아랑곳없이.

웃기고, 농담하고, 장난치는 엄마를 보며 두 아이는 늘 까르르 웃습니다. 유머는 아이들과 저의 관계를 돈독하게 엮어주는 교량 역할을 톡톡히 해주고 있습니다. 무뚝뚝한 아들자식만 둘이라 '유머'는 제게 더욱더 간절한 교육이기도 합니다.

저는 늘 웃음소리가 새어 나오는 집을 목표로 하고 있습니다. 바로 그 웃음이 곧 아이가 느끼는 행복의 척도라 생각하기 때문입니다. 아이의 웃음소리를 더 많이 들으려 저는 오늘도 어떻게 아이들을 웃길까를 고민하고 있습니다. 엄마의 개그를 아이들이 '아재개그'라고 놀려도, 꿋꿋하게 농담 한 마디 건네보는 게 어떨까요?

함께 양육하는 사회

같이의 가치

마트 옆 문구점을 지나가고 있을 때였습니다. 등 뒤에서 들려오는 정말 상스러운 육두문자가 제 발걸음을 멈추게 했습니다. 뒤돌아보니 어리고 어린, 많아 봐야 초등학교 2, 3학년쯤 되어 보이는 남자아이 셋이서 대화를 나누고 있었는데 대화 중간 중간 너무나 심한 욕을 섞어가며 이야기하고 있었습니다. 아니, 욕과 욕 사이에 건전한 대화가 좀 끼어 있었다는 표현이 맞을 정도로 아이들은 많은 양의 욕을 쏟아내고 있었습니다. 그냥 지나칠까 하다가 도저히 그건 아닌 듯싶어 아이들에게 다가갔습니다. 그리고 최대한 인자한 미소를 지으며 말했습니다. 약간의 야단과 충고와 조언이었습니다.

아직 어려서 그런지 무시하지 않고, 아이들은 끝까지 제 말을 귀담아 들어주었고, 조금은 멋쩍어하면서 앞으로는 안 그러겠다고 약속도 했습니다. 매체에서 나쁘게 표현되곤 하는 '요즘 아이들'이지만 현실 속 아이들은 여전히 건강한 것 같아 마음이 따뜻해졌습니다. 그런 아이들이 너무 예뻐서 머리를 쓰다듬으며 칭찬을 해주고 음료수까지 손에 쥐여주고는 집으로 돌아왔습니다.

"번져가는 불길 속에서 내 아이와 내 가정만 행복할 수 없다. 내가 속한 공동체가 행복해야 나와 내 가정도 행복할 수 있다." 어느 신문 칼럼에서 본 이 글이 저를 그렇게 오지랖 넓게 만들어 주었습니다. 더불어 우리가 놓치고 있는 '같이의 가치'에 대해 고민하게 되었습니다.

내 가정과 내 아이만 행복하면 그만이라는 이기적인 욕심을 가지기보다, 기꺼이 내가 '사회적 양육자'가 되는 것입니다. 내 이웃의 아이들을 돌보며, 사회 전체의 행복을 위해 우리의 작은 노력을 보탤 때 우리 사회가 더 바람직한 사회로 나아갈 수 있습니다. 그리고 그 바람직한 사회의 일원으로 살아갈 내 아이, 내 아이의 아이, 그 아이의 아이들은 분명 더 행복해질 것입니다.

"여러분이 자기만의 길을 걸어가길 바랍니다. 그러나 나만을 위한 길이 아니라, 우리 모두를 위한 길이길 바랍니다."

2018년, 문재인 대통령이 UNIST(울산과학기술원) 졸업식에 참석하셔서 한 축사의 말씀 중 일부를 꼭 기억하면 좋겠습니다.

상대가 높이 뛰어야 나도 높이 뛸 수 있는 따뜻한 설계를 가진 전통 놀이가 바로 '널뛰기'라고 합니다. 이제 우리 아이들에게도 '널뛰기 교육'을 가르치는 건 어떨까요? 내가 행복하려면 누군가는 불행해야만 하는 잔인한 이분법적인 경쟁 교육 말고, 누군가를 짓밟고 경쟁에서 이겨 나 홀로 높이 서는 교육 말고, 각자가 저마다의 방향과 높이만큼 '함께' 뛰는 교육 말입니다. 더더구나 내가 높이 뛸수록 자연스럽게 타인도 높이 뛰게 되는 너무나도 따뜻한 '널뛰기 교육'이 시작되기를 바랍니다.

'같이의 가치'를 너무나 잘 아는 한 사람이 있습니다. 〈1박 2일〉, 〈꽃보다 할배〉, 〈신서유기〉 등을 제작한 나영석 PD입니다. 그가 한 강연장에서 이런 말을 했습니다.

"콘텐츠의 생명력은 새 인물들과의 '협업'에서 옵니다. 시대는 천재를 요구하지 않습니다. 그래서 좋은 동료와 함께 하는 것이 중요하지요."

시대는 천재를 요구하지 않는다는 말에 당신도 동의하시나요? 그의 말처럼 우리의 아이들이 서로에게 '좋은 동료'가 되면 더할 나위 없이 좋은 사회가 될 것입니다.

내 아이에게 '같이의 가치'를 가르칩시다. 그래서 다 같이 행복한 길을 찾아봅시다.

아이가 내게 배웠으면 하는 것

행복의 가치관

행복은 '가진 것' 나누기 '욕망'이라는 말이 있습니다. 이 공식에 따르면 행복이 커지려면 가진 것을 늘리거나 욕망을 줄여야 할 것입니다. 행복해지기 위해 제가 선택한 것은 욕망 줄이기입니다. 이 아름다운 지구별에 빈 몸으로 왔고, 빈 몸으로 갈 터, 무소유까진 아니어도 지나친 욕망을 조금씩 걷어내며 행복을 키워 나가보려고 합니다.

아이 학교 아나바다 장터에서 오백 원 주고 득템한 아이 장화에서, 깨끗이 수리해서 집안 한구석에서 요긴하게 쓰이고 있는 주워온 수납장에서, 연말정산 받은 돈으로 그동안 비싸서 먹지 못했던 오만 원짜리 해물탕을 먹으러 집을 나설 때 느낄 수 있는 소소한 행복이 있습니다. 이 소욕지족의 삶이 넉넉하게 살지 못하는 제가 미치도록 행복하게 사는 이유입니다.

법정 스님께서는 이렇게 말씀하셨습니다. "행복이란 밖에 있는 것이 아니라 내 안에 늘 있습니다. 어떻게 받아들이냐에 따라서 고통이 될 수도 행복이 될 수도 있지요." 이 말을 곱씹어보면, 더 가짐으로써 행복해지려는 것은 어불성설일 수 있습니다. 가치가 상대적인 것을 더 가진다고 행복해질 수는 없기 때문입니다. 행복하지 않을 이유가 없는데도 행복하지 않다면 내가 가진 것이 아닌, 남이 가진 것만을 바라보고 있지는 않은지 자신을 돌아봐야 합니다. '내 것'을 보세요. 당신이 가진 것으로도 충분합니다.

아이는 부모를 통해 무엇이 좋은 가치이고, 나쁜 가치인지를 스스로 파악해 나갑니다. 외면은 가난하되, 내면은 가난하지 않은 저를 통해 두 아이도 이런 삶을 살 수 있기를. 그래서 저처럼 행복하게 살기를 바라며 오늘도 아이들에게 이미 가진 것으로도 행복한 엄마의 모습을 보여줍니다. '진짜 행복', 아이가 제게 꼭 배웠으면 하는 소중한 가치입니다.

눈빛이 아이에게 미치는 영향

엄마의 시선

나 힘든 거 좀 알아달라고, 네가 고생이 많다는 말 한마디 듣고 싶어 남편에게 짜증을 퍼부었던 날, "혼자 살고 싶으면 혼자 살아!"라는 남편의 차갑디 차가운 냉담한 말에, 저는 업고 있던 200일도 채 되지 않은 작은아이를 침대에 놓아두고는 현관문을 박차고 나왔습니다.

집을 나와 핸드폰 주소록을 뒤지기 시작했습니다. 전화기에 저장되어 있는 친구들 번호는 수십 개인데 어느 하나 통화버튼을 누를 데가 마땅치 않았습니다. 갈 곳이 없어 결국 목욕탕을 갔습니다. 갑갑증을 느껴 목욕탕에 30분도 채 있지 못하는 저인데, 거기서 3시간 넘게 보냈습니다. 아니 버텼다는 표현이 더 맞습니다.

집을 나온 지 5시간쯤 흘렀을까. 젖가슴이 불고 젖이 차오르기 시작했습니다. 가슴이 부풀어 오르는 만큼 배고파할 아기가 눈에 아른거렸습니다. 저는 어느덧 온전한 '엄마'가 되어있었습니다. 급기야 바람결에 아이의 울음소리가 들려오는 것 같아, 허겁지겁 집으로 발길을 돌렸습니다. 5시간의 가출은 허무하게 막을 내렸습니다.

늘어진 티셔츠를 위로 젖히고, 아이에게 불은 젖가슴을 내밀었습니다. 아이가 정신없이 젖을 빨기 시작합니다. 코로 숨 쉴 새도 없이 허겁지겁 젖을 빨다 '케켁' 사레도 걸립니다. 아이도 놀랬는지 잠시 빨기를 멈추고 저를 빤히 쳐다봅니다. 저도 아이를 봅니다. 몇 초가 흘렀을까, 그 똘망똘망한 눈망울 사이로 뚝뚝 물방울이 떨어집니다. 저의 눈물입니다.

미안해서, 고단해서, 힘들어서 흘리는 눈물….

정신분석가 이승욱 박사님이 나온 〈EBS 초대석〉에서 박사님은 아이를 양육하는 데 세 가지가 필요하다고 하시며 그중 하나로 이것을 말씀하셨습니다.

"응시가 존재를 조각한다."

엄마가 사랑스러운 눈으로 아이를 응시하면, 아이는 자신을

'사랑스러운 자아'로 인식하고, 엄마가 불만스러운 눈으로 아이를 응시하면 아이는 자신을 '불만스러운 자아'로 인식한다는 뜻입니다. '엄마의 응시'가 한 아이의 자아상을 결정한다는 말이었습니다.

아이들이 어릴 적, 육아가 징그럽도록 힘이 들었던 때가 있습니다. 하루 종일 이유 없이 징징거리는 아이들을 보며, 마냥 웃으며 대할 수 없었습니다. 때로는 우울한 눈으로 아기를 응시했었습니다. 감정은 흐르기 마련인데, 그때의 우울이 전이되어 두 아이의 마음 한편에 자리 잡고 있는 건 아닌지 가끔씩 걱정도 된다고 솔직하게 말하고 싶습니다.

"응시가 존재를 조각한다."

좀 더 일찍 이 말을 알았더라면 얼마나 좋았을까요. 당신은 저처럼 너무 늦게 깨닫지 않기를 바랍니다.

아이가 기다리는 말

사과하기

쉽게 읽히지 않는 책을 읽고 있었습니다. 서너 시간 몰입하여 읽다가 머리에 쥐가 나는 기분에 책을 내려놓고, TV 리모컨을 집어 들고 이리저리 채널을 돌렸습니다. 딱히 보고 싶은 프로그램이 없어서 '리모컨이 없었으면 참 불편했겠다.' 같은 생각이나 하던 찰나, 한 채널에 손이 멈췄습니다. 화면에는 한 여자의 망연자실한 모습이 나오고 있었습니다.

초점 없는 눈으로 허공을 바라보며 그녀가 마치 남 얘기하듯 담담하게 말을 이어갑니다.

"때렸습니다. 아버지가. 참 많이. 술을 먹은 날이면 어김없이 저를 때렸습니다. 끓여온 라면이 퍼졌다며 때렸습니다. 나 때문에 엄마가 도망갔다며 때렸습니다. 나 때문에 되는 일이 없다고 때렸습니다. 도망갈 수도, 피할 수도, 말릴 수도, 저항할 수도 없었습니다. 나는 어렸고, 아버지는 유일한 보호자였으니까요."

어릴 때 아버지로부터 심한 가정폭력을 당한 것이 트라우마로 남아 아빠에 대한 원망으로 정상적인 가정생활을 할 수 없는 여성의 이야기였습니다. 의사가 그녀에게 묻습니다. "당신이 원하는 것이 무엇입니까? 어떻게 하면 그것이 해결될까요?" 한참을 침묵하다, 그녀가 입술을 떨며 간신히 대답합니다.

"아버지로부터 '진심어린 사과'를 받고 싶습니다."

그 프로그램 제작자가 아버지를 찾아갔고, 아버지도 지난 일을 반성하며 딸에게 사과하겠다고 했습니다. 그리고 병원 치료실 안에서, 아버지는 많은 사람이 지켜보는 가운데 딸에게 사과를 합니다. 딸이 자신의 사과를 받아줄까 걱정하는 눈빛에서 아버지의 진심이 보였습니다.

이윽고 그녀가 웁니다. 어깨를 들썩이며 어린아이처럼 웁니다. 딸에게 다가갈 엄두도 내지 못하고, 멀찌감치 서서 아버지도 웁니다. 투박하고 거친, 주름진 손으로 얼굴을 감싸 안고 흘리는 눈물은 지난 잘못에 대한 깊은 죄책감으로 보였습니다.

화면이 어두워지고 다른 화면이 비칩니다. 의자에 앉은 그녀가 한결 평온한 표정으로 말합니다. "내 안에서 매일매일 울고 있던 11살 소영이가 이제 안 울어요. 울음을 멈췄어요. 아직 웃지는 않지만, 이것만으로도 좋아요. 고맙습니다."

TV를 끄니 12시 30분입니다. 점심 약속이 있어 오랜만에 립스틱을 꺼내 들었는데 한참을 바르지 못했습니다. 좀 전에 TV 나왔던 소영 씨가 했던 "진심어린 사과를 받고 싶어요."라는 말이 립스틱을 감아 돕니다.

그 립스틱은 저를 2010년, 큰아이가 4살이었던 때로 순식간에 데려다 놓았습니다. 어느 날 오후, 설거지를 하고 있었는데 꽤 오랜 시간 아이가 내는 소리가 들리지 않습니다. 순간, 불길한 예감이 엄습해 오더군요. 아이가 조용할 때는 딱 두 가지 경우뿐입니다. 잠들었거나, 사고를 치고 있거나.

하던 설거지를 잠시 멈추고 서둘러 아이가 있던 안방으로 달려갔습니다. 불길한 예감은 왜 항상 적중하는 것일까요. 제 예상이 맞았습니다. 자지는 않고, 사고를 치고 있었습니다. 시누이에게 선물 받은 비싼 립스틱을 그 오동통한 작은 두 손으로 야무지게 뭉개고 있더군요. 팍팍한 살림에 내 돈 주고는 못 사는 것을 선물로 받아 애지중지 아끼던 것이어서 더 화가 났습니다. 아이 손에 들려진 립스틱을 낚아채고는 이제 겨우 4살인 아이에게 화를 쏟아부었습니다. "니 때문에 못산다. 못살아."라는 거친 말까지 섞어가며.

한참 호기심에 차 있을 4살 아이 눈에 처음 보는 빨간색 물건,

엄마가 쓱쓱 입술에 바르니 입술이 붉어지는 이상한 물건이 얼마나 신기하고 궁금했을까요. 궁금해 하지 않는 아이가 오히려 이상한 것이었을 텐데….

기억 속 4살 큰아이를 만나러 갑니다. 진심 어린 사과를 하러. TV에서 본 소영 씨처럼 그 일이 마음 한구석이 응어리로 남아있지 않기를 바라는 마음으로요. 방에서 립스틱을 야무지게 뭉개고 있는 4살 큰아이가 보입니다. 설거지를 멈추고, 고무장갑을 벗고, 아이를 지긋이 바라봅니다. '혼자 있어서 심심했구나.'라는 미안한 마음을 담아서요.

립스틱이 잔뜩 묻어있는 아이의 손가락 하나를 내 입술에 장난스레 문지릅니다.

"이렇게, 이렇게 입술에 바르면 예뻐지는 거야."

아이의 다른 손가락 하나를 들어 아이 입술에도 장난스레 문질러봅니다.

"우리 현강이도 예뻐지자."

아이의 통통한 볼을 살짝 꼬집습니다.

"어이구 못 말리는 우리 귀염둥이 개구쟁이."

4살 큰아이가 그제서야 까르르 웃습니다.

아이들은 언제나 부모의 사과를 받아줄 준비가 되어 있습니다. 다 큰 어른임에도 불구하고 부모인 우리가 준비가 덜 되었을 뿐입니다. 오늘 저녁 잠자리에 누워 아이를 꼭 안고 말해보세요. 그날, 그 일은 엄마가, 아빠가 미안했다고. 부모가 그 말을 해주기를, 아이가 기다리고 있을 것입니다.

"모든 사람은 위대함의 씨앗을 가지고 태어난다.
그러나 그 씨앗의 미래는 알 수 없다.
꽃을 피우게 될지, 그냥 썩어버릴지 말이다."

'아이'라는 씨앗은 부모가 양육하는 대로 자랍니다.
'부모'라는 이름이 무거운 이유입니다.

3장

내 아이에게 미래를 주는 법

자녀교육의 핵심은
지식을 넓히는 것이 아니라
자존감을 높이는 데 있다.
- 레프 톨스토이

새로운 교육의 패러다임

미래의 교육

저는 경남 김해에 사는 전업주부 13년 차 촌무지렁이 아줌마이자 대한민국 교육에 꽤 관심이 많은, 깨어 있는 지성인이기도 합니다. "의견을 가진 모든 시민은 지성인이다."라는 말이 있습니다. 대한민국 교육에 대해 깊은 고민을 하고, 다양한 의견을 가졌으니, 저도 지성인이 분명합니다. 육아 13년 차 촌무지렁이 아줌마가 꿈꾸는 대한민국의 새로운 교육의 패러다임을 이 자리를 빌려 펼쳐보고자 합니다.

우리나라가 전쟁이라는 크고 불행한 사건을 겪고, 원조가 필요했던 세계 최빈국에서 짧은 시간 안에 세계 10위 권의 경제 대국이 된 데에는 부모들의 뜨거운 교육 열기, 치열한 경쟁, 그 경쟁에서 살아남기 위한 지독한 공부, 더불어 단편적인 지식일지언정 그 공부로 인한 국민의 평균 지적 수준 향상이라는 배경이 존재한다고 생각합니다. 이것에는 지금의 입시 위주의 교육제도가 긍정적인 역할을 했습니다. 그래서 저는 대한민국의 입시 위주의 주입식 교육이 이룬 '과거의 공'을 높이 치하하고 싶은 사람입니다. 단지 제가 강력하게 주장하고 싶은 것은, 교육이란 모름지기 시대의 흐름에 따라 그에 발맞춰, 그에 걸맞은 변화를 꾀해야 한다는 사실입니다.

과거 대한민국은 전쟁을 치르면서 절대적 빈곤의 시대를 지나왔습니다. 그 절대적 빈곤의 시대에서 '공부'는 가난에서 탈출할 수 있는 유용한, 그리고 어쩌면 유일한 출구였습니다. 부모는 내 자식이 당신들처럼 힘들게 살지 않기를 바라는 마음으로 열심히 뒷바라지를 했습니다. 또한 자식들은 힘들게 사는 부모님을 호강시켜드리기 위해서라도 공부 열심히 해서 좋은 대학 나와, 기대소득이 높은 직장이나 사회적으로 선망받는 직업을 얻기 위해 고군분투했습니다. 이 때문에 가장 빠르고 확실한 빈곤의 돌파구 중 하나인 '공부'를 향해, 묻지도 따지지도 않고 내달리던 시대를 우리는 살아왔던 것입니다. 어쩌면 그 옛날, 가난한 경제 상황, 많은 인구, 좁은 취업 문, 그때는 그런 교육이 필요한 시대였을지도 모르겠습니다.

하지만 지금 대한민국은 눈부신 경제 성장을 이뤄내 원조를 받는 나라에서 원조하는 나라로, 국민 소득 삼만 달러 시대를 맞이한 선진국이 되었습니다. 그리고 출산율 0.97명이라는 초저출산율 시대를 살아가는 2020년 현재, 시험 통과를 위한 편협하고 파편적인 지식을 주입하는 협소한 배움인 과거의 교육 방식을 계속 유지할 것인지 숙고할 시점이 되었다고 생각합니다.

이제는 선진국에 걸맞은, 또한 바로 코앞으로 다가온 4차 산업 혁명 시대에 발맞춘 '새로운 교육 패러다임'을 과감히 도입해야 한다고 진지한 어조로 말씀드리고 싶습니다. 현재의 대학 입시 위주의 주입식 교육을 유지하는 것은 4차 산업 혁명 시대의 흐름에 반하는 교육의 역류일 수 있습니다.

'모라벡의 역설' 이라는 말이 있습니다. 인간에게 쉬운 것은 컴퓨터에게 어렵고, 반대로 인간에게 어려운 것은 컴퓨터에게 쉽다는 역설입니다. 미국의 로봇 공학자인 한스 모라벡이 1970년대에 "어려운 일은 쉽고, 쉬운 일은 어렵다Hard problems are easy and easy problems are hard."라는 표현으로 컴퓨터와 인간의 능력 차이를 역설적으로 설명했습니다.

인간은 걷기, 듣기, 보기, 의사소통 등의 일상적인 행위는 매우 쉽게 할 수 있지만, 복잡한 수식 계산 등을 하기 위해서는 많은 시간과 에너지를 소비해야 합니다. 반면 컴퓨터는 인간이 하는 일상적인 행위를 수행하기가 매우 어렵지만, 수학적 계산, 논리 분석 등은 순식간에 해낼 수 있습니다. 하여 인간에게 어려운 것들은 컴퓨터에 맡기고, 인간은 컴퓨터가 할 수 없는 것으로 시선을 돌려야 할 때라는 뜻입니다.

시대가 달라지면, 요구되는 능력과 인재상도 바뀌기 마련입니다. 많은 전문가들이 4차 산업 시대가 요구하는 인재상은 '창의적인 사람'이라고 말합니다. 하지만, 공식을 기계적으로 적용해서 빠르고 정확하게 문제를 풀어야 하는 현 시험 방식으로는 창의적 인재를 절대 키울 수 없습니다. 달달 외우게 하는 그 구닥다리 공부는 컴퓨터와 A.I.인 알파고에게 양보합시다. 알파고의 하루는 인간의 36년과 같습니다. 암기의 속도와 양은 도무지 인간이 알파고를 이길 재간이 없는 것입니다.

여기서 잠깐, 대학 이야기 좀 하고 넘어가겠습니다. 대학 입학이 인생의 전부인 양 원하지도 않는 아이를 끌고 오로지 대학교 정문을 향해 달려가고만 있는 분들을 위해, 대학 무용無用설을 제기할까 합니다.

부모들 사이에는 이런 농담이 있습니다. 부모는 아이가 유치원에 가면 대한민국에 서울대 하나만 있다고 생각하고, 아이가 초등학교에 가면 서울대, 연세대, 고려대 세 개만 있다고 생각하고, 아이가 중학생이 되면 서울에만 대학이 있다고 생각하며, 고등학생이 되면 그때야 비로소 지방에도 대학이 있었다는 것을 알게 된다고요. 그리고 아이가 고3이 되면, 사이버대학을 알게 된다는 '웃픈' 이야기입니다. 꽤 오래된 농담인 것으로 보아 내 자식이 좋은 대학을 가기를 바라는 마음은 예나 지금이나 달라진 게 하나도 없는 듯합니다. 그렇지만 이제는 대학이라는 낡은 제도에 목을 맬 필요가 없다는 희망적인 말씀을 드리고 싶습니다.

미래학자 윌리스 하먼 박사에 따르면 머지않은 미래에는 대학의 해체가 도래할 것이라고 합니다. 미래의 대학 교육은 극소수의 명문대학과 사이버대학이나 원격대학으로 진화할 것이라고요. 현재 초대형 사이버대학이 많이 늘어나고 있고, 전 세계적으로 그 수요 또한 폭발적으로 늘어나고 있습니다. 또한 양질의 정보와 지식을 담은 무료 사이버 콘텐츠도 넘쳐나고 있습니다. 이제는 인터넷이 있는 곳이면 어디에서나 교육이 가능한 세상이 된 것입니다.

다음은 하먼 박사가 대학에 관해 '팬 시나리오'에서 예측한 샘플 시나리오의 핵심내용입니다. ①현재의 대학들이 향후 5년 동안 서서히 사이버대학satellite university으로 전환될 것이며, ② 2015년부터 5년 동안에는 교과서를 사용하지 않는 학습이 이루어지는 대학bookless university으로 변화하고, ③ 2020~2024년에는 학생들이 자기 주도적인 시간계획과 자신의 바이오리듬에 맞는 학습계획을 수립하여 공부하는 학사 일정이 없는 대학no calendar university으로 변화한 후, ④ 2025년 이후에는 전 세계 어디에서든 지리적, 경제적인 여건과 관계없이 수강할 수 있는 지구촌의 모든 인류에게 개방되는 대학all have access university으로 발전할 것이다.

이래도 한국 대학 입학이 여전히 아이의 미래를 위한 전부일까요?

김창경 한양대 과학기술정책학과 교수님이 EBS 〈미래강연Q〉에 나와서 이런 말씀을 하셨습니다.

"아인슈타인보다 더 위대한 인물로 손꼽히는, 인공지능 알파고의 아버지라고 불리는 구글의 딥 마인드 CEO 하사비스는 그리스인 아버지와 중국계 어머니 사이에서 태어난 다문화가정 아이였다. 만약 하사비스가 우리나라에서 태어났다면, 다문화가정 아이로 왕따가 되거나, 어릴 적 게임을 너무 좋아해서 한국에서는 게임중독, 문제아로 찍혔을 수도 있을 것이다."

어릴 때부터 게임에 빠져 있다가 게임 프로그램까지 만들게 된 하사비스의 경우를 예를 들며 학교, 교실, 교과서의 경험이 전부인 한국 학생들에 대한 안타까움을 말씀하시더군요. 그리고 거기에 덧붙여, 창조는 경험의 연결이라며 아이들이 많은 것을 경험하도록 해야 한다고도 말씀하셨습니다. 이제는 단편적인 지식의 습득 시대는 끝났으며 많은 것을 경험하고, 그 속에서 세상을 바꾸는 위대한 질문을 끊임없이 하도록 만드는 교육이 되어야 한다고요.

애플의 스티브 잡스는 미혼모의 아들로 태어나, 입양된 사고뭉치였다고 합니다. 그런 그가 애플의 CEO가 되었습니다. 그는 한 인터뷰에서 이런 말을 했습니다.

"창의력은 단지 사물들을 연결하는 것이다Creativity is just connecting things."

연결을 위해서는 다양한 지식과 경험, 고민과 아이디어, 영감, 타인과의 의견교환 등 다양한 연결 거리가 많아야 한다는 것도 강조했습니다.

창의력은 '발명'이 아니라 '발견'입니다. 하여, 창의력 높은 아이로 키우기 위해서는 더 많은 발견을 할 수 있도록 다양한 경험을 할 수 있게 해주어야 합니다. 경험이야 말로 창의력을 기르는 지름길입니다. 미래가 요구하는 연결지능은 곧 다양한 경험의 산출물이기에. 책상에 앉아서만 하는 공부는 이미 너무 낡아버린 교육입니다. 이런 낡은 교육, 이제 과감히 버릴 용기를 내어야 합니다.

철학자 강신주는 "대부분의 노예는 주인이 되기를 소망할 뿐, '주인과 노예'라는 억압체제 자체를 붕괴시키는 데 관심을 기울이지 않는다."라고 말했습니다. 우리 교육의 문제도 이와 하나도 다르지 않습니다. 내 자식이 1등을 하기를, 그래서 좋은 대학에 가서 좋은 회사에 취직해서 경제적으로 풍요롭게 살기를 바랄 뿐, 정작 아이의 행복과는 거리가 먼 단편적인 지식 위주의 편협한 공부, 지독하게 치열한 경쟁구조, 아이들의 꿈과 적성, 재능보다 오로지 보여지는 학벌을 중요시하는 낮은 수준의 교육을, '통째로 바꾸는 데'는 관심이 없으니 말입니다.

의외로 많은 부모들이 말합니다. 나도 그렇게 하고 싶지만 현재의 사회시스템이, 현재의 교육시스템이 그렇지 않으니 불안하다고요.(사실, 불안은 인간의 가장 집요한 적입니다.) '평균'에서 벗어나지 않으려는 군집심리의 경향이 가장 확실하게 나타나는 곳이 바로 교육 분야입니다. 내 소중한 아이의 인생이 달린 문제이니 충분히 이해합니다. 그럼에도 불구하고 과감히 그 '평균'에서 벗어날 용기를 내어 달라고 말하고 싶습니다. 다른 누구도 아닌 당신이 사랑하는 '아이'를 위해서 말입니다.

저는 이 거대한 주류의 교육 흐름에서 뛰어내릴 용기를 내려고 합니다. 지금은 혼자지만, 저와 같은 생각을 가진 부모들이 하나, 둘 늘어나기를 바라면서 말입니다. 그리고 우리가 주류가 되는 그날을 꿈꾸며 일단, 저부터 시작해보겠습니다.

이상, 경남 김해에 사는 육아 13년 차 아줌마가 꿈꾸는 새로운 교육의 패러다임에 대한 야심찬 의견이었습니다. 어떻게 하면 우리의 아이들이 더 '행복한 사람'으로 자라기 위한 교육제도를 만들 수 있을지 다 함께 고민하고, 실천했으면 좋겠습니다.

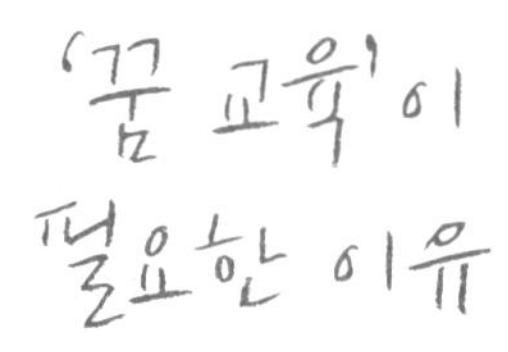

꿈 심어주기

'선주야 내 도시락 좀 갖다 줘. 미안해, 고마워.'

같이 하숙을 하던 친구 책상 위에 메모를 적어 올려 두고, 얼른 찬물에 세수한다. 교복을 후다닥 입고 리본과 이름표까지 꼼꼼하게 챙겨 호주머니에 쑤셔 넣고는, 녹슬어서 삐걱거리는 초록색 대문을 조심스럽게 열고 하숙집을 나선다. 아침 6시, 해가 채 뜨기도 전이다.

학교 정문으로 가려면 10분이 걸리는 길, 그 10분이 못내 아까워 3분이면 되는 학교 뒤쪽 개구멍으로 발길을 돌린다. 그런데 큰 문제가 하나 있다. 3분이라는 짧은 시간은 좋은데, 학교 뒤쪽 개구멍으로 들어가려면 그 근처 사는 아주머니가 묶어놓은 송아지만 한 검은색 셰퍼드와 마주해야 했다. 마침 개가 개집에서 얌전히 자고 있으면 천만다행이지만, 대부분의 날에는 내가 원치도 않는 마중을 나와 있었다. 두 눈을 부릅뜨고, 혀를 날름거리며, 허스키한 목소리로 연신 잡아먹을 듯 무섭게 짖어대면서. 나는 고등학교 3학년, 일 년 동안 매일 그 개와의 사투 아닌 사투를 벌였다. 10분이라도 시간을 아껴 공부하기 위해서.

금요일 밤 11시 10분, 학교에서 하는 야간자습을 마치고도 나는 다시 독서실로 향했다. 독서실에서조차 1분 1초도 허투루 보내지 않으려, 의자에 앉자마자 부랴부랴 문제집을 꺼내 들었다. 오는 잠을 아득바득 쫓아내며. 다만 1분이라도 공부하는 시간을 더 벌기 위해 하숙집에서 차려주는 아침밥도 먹지 않고 이른 새벽부터 학교로 내달리고, 하숙집에서 싸주는 점심 도시락도 친구에게 가져다 달라는 염치없는 부탁까지 해가며 나는 미친 듯이 공부했다.

그렇게 치열했던 공부를 끝내고 드디어 대학생이 되었다. 대학을 결승선으로 알고 뛰어온 나, 이제 끝났다. 놀자!

나는 길고 길었던 학창 시절의 공부는 대학교가 종착역이라고 생각했다. 대학을 지난 12년 학창시절의 고단했던 공부에 대한 보상쯤으로 여기며, 그렇게 대학 4년을 내리 놀았다. 아무 생각 없이 원 없이 놀며 보낸 대학 4년이 끝나자 어김없이 졸업은 다가왔고, 취업 준비를 위한 원서를 쓰기 시작했다. 학교 게시판이나, 인터넷에 올라와 있는 구인광고를 훑어보고, 월급이 많은 곳을 골라 취업 원서를 냈다. 나의 관심사, 나의 꿈, 나의 적성, 나의 특기 따위는 중요하지 않았다. 아니, 안중에도 없었다는 표현이 더 맞을 것이다. 단지 적당한 월급, 적당한 대우, 내가 가진 능력으로 할 수 있는 적당한 수준의 일이 내 첫 직장의 중요한, 아니 유일한 '기준'이었다. 그렇게 대충 시작된 직장 생활을 역시나 대충 하다가, 대충 결혼을 하고, 대충 아이를 낳고, 육아를 핑계 삼아 전업주부로 들어앉았다. 인정하고 싶지 않지만 이것이 내 44년 인생의 안타깝고 서글픈 지난 발자취다.

저는 학창시절 공부를 열심히 하던 모범생이었습니다. 아니 오로지 '공부만' 했습니다. 그런데 그 공부란 것이 학교에서 시키는 공부, 시험대비용 공부, 대학 입시를 위한 공부뿐이었습니다. 그런 협소한 공부를 하며 맹목적으로 달려온 12년의 학창시절이었습니다. 오로지 '대학'에만 방점을 찍고 그것만 보며 달려온 지난 시간. 내가 하고 싶은 일, 내 가슴을 뛰게 하는 일, 내가 바라는 삶의 방향에 대한 고민과, 사유의 시간은 일고도 없었습니다. 설상가상, 나의 '가슴 뛰는 꿈'에 관해 물어봐주고, 조언해주며 가르쳐주는 부모님, 선생님, 선배들도 없었습니다. 그냥 대학만 잘 가면 모든 것이 해결된다는 게 제가 받았던 조언의 전부였습니다.

그렇게 목표였던 대학을 갔고, 이제 숙제는 끝이 났고, 그 다음은 여느 평범한 사람들처럼 암묵적으로 주어지는 평이한 생애 주기적, 사회적 경로에 따라 취직을 하고, 결혼하고, 아이를 낳고 키우며, 그렇게 저의 인생은 긴 시간을 영혼 없이 떠밀리듯 지나왔습니다. 한 번뿐인 소중한 내 삶에 대한 진지한 사색과 사유도 한 번 해보지 않은 채.

저는 마치 과녁 없는 화살촉과 같았습니다. 지난 시간 치열하게 화살촉을 깎았습니다. 잘 날아가서 과녁에 잘 꽂힐 수 있도록 뾰족하고 더 뾰족하게 화살촉을 광이 나도록 열심히 갈고 닦았습니다. 그런데 그렇게 열심히 화살촉을 깎아내고 고개를 들어보니 어이없게도 그 화살촉을 쏠 '과녁'을 찾지 못하겠는 겁니다. 내가 쏘아야 할 과녁이 어디인지, 도대체 어디로 화살을 날려야 할지, 가장 중요한 '과녁'은 보이지도 않고, 찾을 수도 없었습니다. 정작 중요한 것은 뛰어난 성능의 화살촉이 아니라, 달려가 꽂힐 '과녁'이라는 것을 불혹이라는 나이를 넘기고서야 알았습니다. 화살촉만 열심히 갈고 닦으면 모든 일이 잘될 줄 알았던 제 무지가 원망스럽기만 했습니다.

과녁, 내가 달려갈 그곳, 바로 '꿈' 입니다.

그 '꿈의 부재'가 내 인생의 가장 큰 문제였음을, 꿈이라는 단어가 얼마나 중요한 내 인생의 '화두'였어야 했는지를 가슴 저리게 깨닫는 중입니다. 이제 와서야 '꿈'이라는 단어를 조용히 읊조려봅니다. 무엇을 새로 시작하기에는 늦었다는 생각이 자꾸만 드는 나이지만, 그런데도 저는 제 가슴을 뛰게 하는 꿈에 대해 진지하게 고민하는 시간을 가지고 있습니다. 아니 '꿈 앓이'를 하고 있다고 해도 과언이 아닙니다. 지난 시절, '꿈 부재'로 인해 부유하듯 떠밀려온 삶에 대한 원망이라고 해야 할지, 절절한 아쉬움이라고 해야 할지, 마지막 만회라고 해야 할지, 그 모든 감정이 뒤섞여 뒤늦게 '내 꿈 찾기 여행'을 나섰습니다. 늦었지만 이제라도 말입니다.

저는 두 아이를 기르면서, 제가 가졌던 '꿈 부재'에 의한 아쉬움을 절대 아이들이 경험하게 만들고 싶지 않아 철저하게, 아니 지나치리만큼 '꿈 교육'을 하고 있습니다. 꿈 교육은 거창하지 않습니다. 그저 아이들에게 끊임없이 '꿈'에 대해 이야기하는 것으로 충분합니다. 저는 두 아이가 아주 어릴 때부터 알아듣던, 못 알아듣던 상관없이 이렇게 말해주었습니다.

"커서 네가 하고 싶은 일이 뭐니?"

"너는 뭘 할 때 즐겁니?"

"앞으로 어떤 삶을 살아보고 싶니?"

"다시 반복되지 않을 소중한 네 삶에 대해 매 순간 고민하렴."

"너는 그 무엇으로도 자랄 수 있는 수많은 가능성을 가지고 있어. 마음껏 꿈꿔라."

두 아이에게 늘 각자의 생각을 묻고, 아이들의 다소 엉뚱한 꿈에 대해서도 귀 기울여 경청하고, 아이가 내뱉는 조금은 허황된 꿈 이야기에도 열렬히 호응하고, 응원해줍니다. 그리고 저의 어린 시절과 학창시절 그리고 청년시절에 느꼈던, 지난날 꿈 부재로 인한 아쉬움, 후회, 반성을 속속들이 자세히 들려줍니다. 또한, 꾸준히 책을 읽어주며 책 속의 위대한 인물들이 어떻게 꿈을 찾고, 어떻게 꿈을 만들어가고, 어떻게 꿈을 이루었는지를 들려주었습니다. 소중한 아이들이 지난날의 저처럼,

꿈이 '없는' 아이들로 자라지 않기를.

꿈만 '꾸는' 아이들로 자라지 않기를.

하여, 꿈을 '이루는' 아이들이 되기를 바라는 절절한 아니, 절박한 마음으로 말입니다.

아이가 아직은 어리기에, 당장 손에 잡히는 꿈은 없을지도 모릅니다. 그러나 "오랫동안 꿈을 그리는 사람은 그 꿈을 닮아간다."는 프랑스 소설가 앙드레 말로의 말처럼 어릴 때부터 치열하게 생각하고 고민해온 꿈을 닮아가길 바라며, 그리고 마침내 이룬 꿈 속에서 스스로 만족스럽고 행복한 삶을 살아가길 바라며, 저는 오늘도 어린 아이들에게 끊임없이 꿈을 속삭여주고 있습니다. 적어도 저처럼 불혹이 넘는 나이에 뒤늦게 꿈 앓이를 하지 않도록.

어쩌면, 저의 이런 노력에도 불구하고 아이가 결국 꿈을 만나지 못하거나 찾지 못할지도 모르겠습니다. 그러나 그래도 괜찮습

니다. 그 꿈을 찾기 위해 생각하고, 고민하고, 방황하며 보낸 그 시간 자체가 아이의 삶에 큰 가르침으로 남을 것임을 믿기 때문입니다.

어릴 때 공부를 잘해서가 아닌, 어릴 때부터 꿈을 가져서 성공한 사람이 있습니다. 반려견 행동전문가 강형욱 씨입니다. 〈세상에 나쁜 개는 없다〉라는 EBS TV 프로그램에 나오는 강형욱 씨는 '개통령'이라는 별명이 붙을 만큼 개에 있어서는 인정받는 전문가입니다.

강형욱 씨가 개 훈련사가 되어야겠다고 마음먹은 것은 중3 때였습니다. 개를 너무나 좋아한 어린 중3 강형욱은, 개들을 돌보며 평생을 살고 싶다는 생각을 그때부터 했습니다. 그리고 중학교 3학년 때 그 마음과 구체적인 계획까지 어머님께 말씀드렸습니다. 느닷없이 개들을 돌보는 일을 하고 싶다는 아들의 말에 어머니는 무척 놀랐다고 합니다. 더구나 넉넉지 않은 집안 형편 때문에 어머니의 충격은 더 클 수밖에 없었습니다. 그러나 부모의 반대에도 불구하고 중3 강형욱 씨는 한순간의 철없는 생각에서 그치지 않고, 반려견 훈련소를 돌아다니며 실무 경험을 익혀나갔습니다. 새벽 4시에 일어나 개들의 똥을 치우고, 밥을 챙겨 먹이고, 운동을 시키고, 많을 때는 20마리의 개들을 한꺼번에 돌보느라 너무나 힘들었지만 자신이 좋아하는 일이기에 그 힘듦도 자신의 의지를 꺾지는 못했다고 말했습니다.

20여 년이 흐른 지금 30대가 된 강형욱 씨는 명실공히 대한민국 최고의 반려견 행동 전문가가 되었습니다. 그는 자신이 좋아하는 일을 직업으로 삼으며 더불어 사회적으로 인정받는, 자신이 그렇게도 원하던 꿈을 이룬, 행복한 사람으로 살아가고 있습니다.

어느 날 내 아이가 이렇게 말한다고 생각해봅시다.

"엄마, 나 앞으로 개들을 돌보는 일을 직업으로 하고 싶어."

아이에게 어떤 대답을 해주실 겁니까?

《김밥 파는 CEO》의 저자 김승호 회장은
성공= 목표×능력×열정
이라고 말했습니다.
성공은 '더하기'가 아니라 '곱하기'라고 강조하더군요.
아무리 능력과 열정이 있어도 목표가 제로면 성공도 제로라고요.

'꿈교육'에 신경을 써야 하는,
아니 '꿈교육'에 올인해야 하는 이유입니다.

현명한 사교육 소비가 필요합니다

사교육

저는 25살에 면허증을 따자마자 백삼십만 원짜리 회색 엘란트라 중고차를 구입해서 곧바로 운전을 시작했습니다. 저는 길눈이 꽤나 밝아 한 번 가본 길은 잘 잊지 않고, 초행길도 이정표를 보며 목적지를 척척 잘 찾아가는 편입니다. 그래서인지 내비게이션이 나온 이후로도 굳이 사용하지 않고, 저의 감각을 믿고 운전을 해왔습니다. 그런데 몇 년 전, 강의를 하러 전국 방방곡곡을 돌아다니기 시작하면서 더 이상 길눈에만 의지할 수 없어 처음으로 내비게이션을 이용하게 되었습니다.

엄마 손 꼭 붙잡고, 오로지 엄마에게 의지해서 걷는 모든 것이 불안한 아기처럼 저는 내비게이션에서 흘러나오는 말에 온 귀와 정신을 초집중해서 시키는 대로 운전을 했습니다. 내비게이션의 말을 따라가면 가장 빠른 길로, 정확한 시간에 목적지로 데려다준다는 사실이 처음에는 무척 신기했습니다. 그렇게 내비게이션에 한참 길들여지고 있던 어느 날이었습니다. 친구와 약속이 있어 집을 나서는 길, 만나기로 한 장소에 가본 적이 있어 내비게이션 없이도 찾아갈 수 있을 듯 했지만, 못내 불안한 마음이 들었습니다. 그래서 길을 대충 알고 있음에도 불구하고 내비게이션을 켰습니다. 기계에서 나오는 말을 따라 한참을 달렸을까, 갈림길에서 갑자기 엉뚱한 방향의 길을 안내하는 겁니다. 저는 그쪽이 아니라는 생각이 들었지만, 내비게이션이 틀릴 리가 없다는 생각으로 그 낯선 길로 들어섰습니다. 그러나 기계에 오작동이 있었는지 결국 엉뚱한 곳에 도착하고 말았습니다.

한 번 의지하기 시작한 내비게이션, 이젠 저의 기억과 생각과 확신까지도 모두 앗아가는 것 같습니다. 이제는 내비게이션 없이는 초행길을 갈 엄두를 내지 못하는 저 자신을 발견합니다. 초행길도 용감하게 잘 찾아 나서던 예전 저의 당찬 모습, 어렵게 찾은 목적지라 다음에 갈 때 까먹으려야 까먹을 수 없던 확실한 기억, 낯설어서 더 아름답게 느껴졌던 풍경들 그 모든 것이 내비게이션을 사용하면서 제가 '잃은 것'들입니다.

혹여 길을 잘못 들어설세라 안내하는 소리에 온 신경을 집중해서 운전하느라 목적지 외에는 그 아무것도 기억할 수 없고, 혹시 고장이라도 나면 심하게 불안해지기까지 하는 내 모습을 보며

'의존'이 '독'이 될 수 있겠다는 생각이 들었습니다.

문득, '사교육'이 내비게이션과 닮은 점이 많다는 것을 깨달았습니다. 나만 따라오라고 말하는 내비게이션과 마찬가지로 사교육도 부모가 시키는 대로, 선생님이 시키는 대로 우리 아이들을 따라만 가게 만들고 있습니다. 이젠 내비게이션 없이는 운전이 두려운 어른들처럼, 사교육 없이는 스스로 공부하기가 두려운, 사교육에 길들여지고 의존하는 '티처보이'를 만들어내고 있는 것 같습니다.

저는 아이들에게 그 어떤 학업적인 사교육도 시키고 있지 않지만, 사교육을 무조건 반대하지는 않습니다. 아이의 부족한 부분을 채워줄 수 있는 적절한 사교육은 분명히 교육에 도움이 될 것이라고 믿습니다. 단, 제가 우려하는 사교육은 부모의 교육적 철학이나 소신 없이 단지 불안해서, 시류에 휩쓸려서, 옆집 돼지엄마(우수한 아이를 둔 부모)를 따라 아이의 의사를 존중하지 않고 자신의 경제적 상황도 고려하지 않은 채 아이들을 강제로 학원으로 내모는 것입니다. 아이에게 필요한 사교육이 무엇인지 면밀히 살펴보고, 아이의 의견을 존중하여, 경제 상황에 맞춘, 현명한 '사교육 소비'가 이루어져야 합니다.

교육 평론가로 유명한 이범 선생님은 석사 과정 중에 학비를 벌기 위해 선배가 운영하던 양재동 학원가에 처음 발을 들여놓으며 사교육 시장에 진입했습니다. 점차 유명해져서 큰 사교육 업체의 창립 멤버가 되어 학원을 운영하였고, 과학탐구영역 스타강사가 되었습니다. 하지만 2003년, 한국 사회의 지나친 사교육 문화에 염증을 느끼고 사교육 시장에서 빠져나와 현재는 아이들의 행복한 교육을 위한 교육 개혁에 앞장서며 큰 힘을 보태고 있는 이 시대의 진정한 교육실천가 중 한명입니다. 다른 직업을 떠나 무엇보다 현재 네 아이의 '아빠'인 이범 선생님은 어느 인터뷰에서 사교육 문제를 해결할 돌파구가 무엇인지 묻는 질문에 이렇게 대답했습니다. 이 대답이 현명한 사교육 소비를 할 수 있는 길이라고 생각합니다.

"아이를 휘두르려 하면 안 돼요. 많은 엄마들이 내 아이를 컨트롤할 수 있다고 착각하거든요. 하지만 사춘기가 되면 다 무너져요. 저는 아이에게 거부권을 줘요. 학원도 본인이 싫으면 거부할 수 있도록요. 사교육이 도덕적으로 잘못된 거지, 기능적으로는 문제가 없거든요. 골라보면 좋은 학원도 많으니까 아이들이 선택할 수 있도록 하는 거죠. 그러면 유명학원이나 전형적인 학원을 벗어난 곳을 스스로 택하더라고요. 주입식과는 또 다른 교육 방법을 집에서 만들어보세요."

'번아웃 증후군'이라는 말이 있습니다. 일에 몰두하던 사람이 극도의 피로감으로 인해 무기력해지는 증상을 일컫는 말로 소진消盡 증후군, 혹은 연소 증후군으로 불리기도 합니다.

그런데 최근 '번아웃 키즈'라는 말도 등장했습니다. 과도한 사교육과 학습으로 인해 자신의 모든 에너지를 사용하고, 그 스트레스로 의욕을 잃고, 성취욕과 학습 자체에 대한 흥미를 잃어가고 있는 아이들을 일컫는 단어입니다. TV 속, 과도한 사교육에 지쳐 창백한 얼굴을 한, 어떤 여학생이 처연한 눈빛으로 담담히 하는 말에 가슴이 먹먹해졌습니다.

"지금 우리는 타버려야 할 때가 아니라, 푸르러야 할 때입니다."

부모가 먼저, 내 아이의 행복을 위한 진정한 교육이 무엇인지 깊이 고민해야 합니다.

아이에게 책이 필요한 이유

독서교육

뒤늦게 책의 바다에 빠져 같이 책 읽자고 주변 사람들에게 입버릇처럼 말하고 다니면서도 누군가가 "책이 도대체 왜 좋은데?"라고 물으면 그 질문에 명확하고 명쾌한, 나아가 질문자의 마음을 움직일 수 있는 명답을 내놓지 못해서 답답할 때가 많았습니다.

그러던 어느 날 미용실에 머리를 염색하러 갔는데, 손님이 많아 좀 기다려야 했습니다. 핸드폰을 볼까, 잡지를 볼까 잠시 고민하다가 탁자 위에 놓인 몇 달 지난 잡지 하나를 집어 들었습니다. 한 장 한 장 읽는 도중에 갑자기 제 심장을 뛰게 하는 한 문장을 만났습니다. 아니, 글자가 지면에서 튀어나와 내 눈으로 날아들었다는 표현이 더 적절할 것입니다. 제가 그동안 해결하지 못하고 있던, '책이 좋은 이유'에 대한 명답을 내놓을 수 있는 핵심 키워드를 발견하는 순간이었습니다. 제 가슴을 뛰게 한, 아니 제 눈에 날아와 박힌 문장은 바로 이것입니다.

> "숟가락을 잡으면 뜨게 되고, 포크를 잡으면 찌르게 됩니다. 도구가 행위를 규정하지요."

무릎을 쳤습니다. '도구가 행위를 규정한다.' 바로 그것이었습니다. 책이 좋은 이유는 숟가락을 잡으면 뜨게 되고, 포크를 잡으면 찌르게 되듯이, '책'이라는 도구를 잡으면, '생각하게 되는' 행위가 이어지기 때문이었습니다. 책은 끊임없이 생각거리를 던져주고, 독자는 던져진 생각거리를 받아들고 기어이 '생각'이란 것을 하게 됩니다. 바쁜 일상의 잡무에 저당잡혀 잊거나, 밀쳐두고 있던, 묵직한 질문들에 대해서 말입니다. 때로는 동의하고, 때로는 반문하며 떠오른 생각이 또 다른 생각을 낳고, 생각과 생각이 연결되며, 깊이 있고 진지한 사색과 사유 과정을 통해 저는 그 생각을 하기 전과는 전혀 다른 사람이 됩니다.

그러니 생각을 하도록 이끌어주는 책이라는 멋진 도구를 부모는 물론이거니와 100년이라는 긴 시간을 살아갈 우리 소중한 아이들 손에 쥐어줘야 합니다. 당신의 자녀교육에 있어 책이, 선택이 아닌 필수가 되기를 바랍니다.

책육아에 대한 의지를 일깨울 수 있는 독서 명언을 몇 가지 소개합니다.

모든 생각은 문자의 정교한 조합을 통해서 이루어진다. 즉, 내 생각의 범위는 내가 알고 있는 문자의 범위이고, 생각은 그 문자의 조합을 넘지 못한다. 따라서 나의 생각을 넓히기 위해서는 많은 문자를 알고, 그것을 조합하는 방법을 익혀야만 한다. 이것이 바로 우리가 문자로 된 것을 익히고, 다른 사람의 표현 방식을 끊임없이 배워야 하는 이유다.

시골의사 박경철

'독서'는 굉장한 행운이다. 1~2시간만 투자해도 저자가 평생을 바쳐 얻었던 깨달음과 지식을 들을 수 있지 않은가.

카카오톡의 아버지, 김범수 의장

우리나라에 노벨상 수상자가 거의 없는 것이나 세계적인 위인이 많이 나오지 않는 것은 세계 최하위 수준의 독서량 때문이다.

이지성 작가

독서는 부모의 빈부가 자녀에게 고스란히 세습되는 빌어먹을 세상에서 유리천장을 깨뜨리는 거의 유일한 도끼다.

《읽기의 말들》, 박총 작가

나는 한 권의 책을 책꽂이에서 뽑아 읽었다. 그리고 그 책을 꽂아 놓았다.

그러나 나는 이미 조금 전의 내가 아니다.

노벨문학상 수상자, 앙드레 지드

제가 강의할 때마다 강조하는 것 중 하나가 '자기 주도 학습'입니다. 아이가 스스로, 자발적으로 공부를 하는 것의 중요성을 역설합니다. 이렇게 말하면 많은 부모님들이 세상에 공부를 스스로 하는 아이가 몇 명이나 되겠냐며 반문을 하시는 게 느껴집니다. 그 생각에 저도 전적으로 동의합니다. 그래서 저는 스스로 공부를 하고 싶게 만드는 교육법을 찾았습니다. 스스로 공부하면서 행복하기까지 한, 두 마리 토끼를 다 잡을 수 있는 최고의 교육법이 있습니다. 바로, '독서교육'입니다.

독서를 통해 아이들은 자연스럽게 다양한 경험을 하게 됩니다. 동서고금을 막론한 위대한 인물들의 이야기를 접하며 배움에 대한 깊은 갈증을 느끼고, 그 위인들의 삶을 보며, 자기도 자신만의 꿈을 찾고 싶은 열망에 휩싸이게 됩니다.

사람은 누구나 '자아실현 경향성'을 가지고 태어납니다. 인간에게는 스스로 성장하고자 하는 욕구가 있다는 뜻이죠. 책은 그 욕구를 긍정적이고, 적극적으로 자극시켜 줍니다. 그런 좋은 자극을 받은 아이들은, 스스로 공부를 하려는 의지를 가지게 됩니다. 무궁무진한 가능성을 가진 아이를 그냥 내버려두고 건강하게만 키우는 방임 교육은 옳지 않다고 생각합니다. 그렇다고 지금처럼 아이들이 원치 않는, 아이들을 불행하게 만드는 필요 이상의 과잉 교육도 옳지 않고요. 앞서 말했듯이 '새로운 교육 패러다임'이 필요한 때입니다. 그 새로운 형식의 교육이 바로 '독서교육'이라고 확신합니다.

수많은 학자와 저자, 위인들은 자신의 온 생애에 걸쳐 얻은 지식과 진리와 통찰, 깨달음, 영감 등을 책으로 쓴다고 말합니다. 그리고 한 권의 책은 하나의 대학에 필적한다고도 하고, 공부는 대학을 바꾸지만 독서는 인생을 바꾼다는 말도 있습니다.

독서를 예찬하는 수백만 개의 명언 중에 제가 가장 좋아하는 말은 "독서는 명사가 아니라 동사다."라는 말입니다. 우리는 앉아서 눈으로 책을 읽습니다. 그러나 그렇게 읽은 책은 곧 머리로 생각하게 되고, 마음으로 느껴, 결국 발로 움직이게 하는 기적의 메커니즘을 가졌습니다.

사람은 자신이 가진 프레임으로 세상을 보게 됩니다. 프레임을 넓힐수록 더 많은 세상을 볼 수 있을 겁니다. 그 프레임을 넓히는 가장 쉽고, 효율적인 방법이 바로 책 읽기입니다. 책은 상식과 지식은 물론이거니와 의식을 넓히는 위대한 여정이니까요. 하여, 독서는 힘이 셉니다. 책을 좋아하는 아이들로만 키워도, 반은 성공한 교육이라고 확신합니다. 오늘부터 아이와 함께 읽어보세요.

"엄마! 나 오늘 학원 안가면 안 돼?"
어느 날 아이가 툭 던지는 말 한마디.
공부하기 싫어서 부리는 투정쯤으로 받아들이지 말고,
아이가 보내는 '의미 있는 신호'로 받아들여 주세요.

"엄마, 나 힘들어…."라는,
아이의 구조요청 일지도 모릅니다.

생텍쥐페리의 교육철학

교육철학

"배를 만들게 하려면 나무와 도구를 손에 쥐어주며 배 만드는 법을 가르치는 대신, 먼 바다에 대한 동경심을 일깨워줘라."

생텍쥐페리의 이 말을 아이들을 교육하는 데 중요한 지침으로 삼고 있습니다. 저는 두 아이들을 학원에 보내지도 않고, 집에서 따로 가르치는 엄마표 교육도 하지 않습니다. 시험기간에 공부하라는 소리 한 번 해본 적 없습니다. 그렇다고 해서 제가 아이들 공부에 관심이 전혀 없거나, 공부를 중요하게 여기지 않는 부모라는 뜻은 아닙니다. 그런데도 제가 아이들을 그냥 내버려두는 이유는 생텍쥐페리의 말처럼, 부모인 내가 배를 만들어주거나 배 만드는 법을 자세히 가르쳐주지 않고 아이가 바다에 대한 동경을 가지고, 필요에 의해 스스로 배 만드는 법을 알아가고, 혼자서 배를 만들어보기를 바라기 때문입니다. 부모인 내가 할 일은, 먼 바다에 대한 동경심을 일깨워주는 것이라고 생각하고 최선을 다하고 있습니다. 이를 위해 다양한 분야에서 꿈을 이룬 사람들의 자서전을 아이에게 읽어주고 TV나 유튜브에서 동기부여가 될 만한 좋은 강의들을 골라서 아이들에게 보여주기도 했습니다. 그리고 늘 아이들에게 꿈을 묻고, 함께 꿈에 대해 의견을 나누고, 아이들이 하는 이야기를 건성으로 듣지 않고 격려하고 응원하기도 합니다. 그리고 또 한 가지! 메멘토 모리Memento mori(죽음을 기억하라)라는 말을 한 번씩 언급해주며 오로지 딱 한 번뿐인 인간의 삶을, 강조하고 또 강조합니다.

이것들이 제 나름의 '먼 바다에 대한 동경심을 일깨워주는 방법'입니다. 저는 이제 손꼽아 기다리고 있습니다. 아이가 바다로 나아갈 배를 '스스로' 만들 날을요.

큰아이가 초등학교 4학년이었던 어느 날, 자기 방에서 한참을 나오지 않았습니다. 방에 가보니 아이가 책들을 펼쳐놓고 노트에 무언가를 정리하고 있었습니다. 뭘 하고 있냐고 물으니 이렇게 대답했습니다.

"엄마! 나는, 우주가 좋아. 우주가 궁금해. 우주에 대해서 알고 싶어. 그래서 나, 우주 공학자가 될 거야. 그런데 우주 공학자가 되려면 공부를 좀 많이 해야 할 것 같아. 지금까지는 너무 놀고, 막연하게 꿈만 꾼 것 같아서 이제부터 제대로 공부 좀 해보려고."

아이가 꿈이 생기니, 스스로 공부를 하기 시작했습니다. "꿈이 생긴 것만으로도 이미 자기 주도 학습은 시작된다."는 그 말을 증명이라도 하듯이 말입니다. 먼 바다를 향한 동경심이 중요한 이유입니다.

질문하는 아이로 키워주세요

질문을 경청하기

학창시절 저는, 선생님께 질문을 많이 하던 열정적인 학생이었습니다. 중학교 2학년 역사 시간, 선생님께 궁금한 게 있어 손을 들고 질문을 하려는데 때마침 종이 울렸습니다. 쉬는 시간이 줄어든다고 친구들의 짜증 섞인 야유가 쏟아지기 시작했습니다. 그럼에도 불구하고 저는 꿋꿋이 질문을 했습니다. 선생님께서는 교탁에 있는 책을 주섬주섬 챙겨 문으로 걸어가시면서 제 질문에 이렇게 대답하셨습니다.

"그건 시험에 안 나와!"

시험에 나올만한 부분만 골라 가르쳐주고, 시험에 나올만한 문제의 정답만 외우는 공부. "이 부분 줄 쳐, 시험 단골 문제다. 무조건 그냥 외워." 같은 식의 암기위주의 교육에 과연 어떤 진지한 배움이 있을까요?

얼마 전, 서울시 교육청에서 개최한 조희연 서울교육감과의 대담에서 로봇 공학자이자 UCLA 기계 항공 공학과 교수인 데니스 홍 교수님이 이런 말을 했다고 합니다.

"많은 사람이 알다시피 미국에서 한국 유학생들은 '인간계산기'로 통한다. 정답이 정해져 있는 수학문제는 기가 막히게 잘, 빨리 풀어내기 때문이다. 그런데 답이 있는지 없는지 모르는 문제, 혹은 답이 여러 개인 개방형 문제를 내면 딱 막혀버린다. 프로젝트 수업을 할 때도 질문을 하지 않는다는 한계를 가지고 있다. 질문을 할 줄 모르는 건지, 질문을 하기 두려워하는 건지 안타까울 때가 많다."

우리나라 학생들은 수업시간에 질문하는 일이 없기로 유명합니다. 받아 적기만 하고, 질문하지 않는 우리 아이들. 이 모든 것들이 아이들에게 부족한 점이 있어서가 아니라, 오랜 시간 동안 '질문하지 않는 교육'에 길들여졌기 때문이 아닐까요? 빠르고 정확하게 답만 찾아내면 되는 현 입시위주의 교육시스템에서 깊이 있는 질문을 할 필요가 없는 환경에 익숙해졌기 때문입니다.

질문하지 않는 삶이 모여 질문하지 않는 사회가 됩니다. 이런 사회에 어떤 발전적인 성장을 기대할 수 있을까요? 지식이든, 정보든, 지혜든 그것이 무엇이 되었든, 우리는 끊임없이 질문하고 그 질문에 답을 찾아가는 과정을 경험해야 성숙하고, 깨어있는 시민으로써 선진문화를 만들어 나갈 수 있습니다. 밥 먹고, 씻고, 잠자는 일상의 일처럼, '질문하기'가 너무나 당연한 것으로 여겨지도록 아이들이 어릴 때부터 활발하게 질문할 수 있는 환경에서 자라야 하며, 그 시작은 가정이 되어야 합니다. 한 연구에 따르면, 2세에서 5세 사이 아이들은 4만개 이상의 질문을 한다고 합니다. 나이가 들수록 점점 질문이 줄어들고요. 질문이 한창 쏟아지는 적기에, 아이들이 하는 질문을 경청하고, 정성껏 답해주는 것으로부터 시작하면 충분합니다. 그리고 아이들에게 되도록 스마트폰은 늦게 사주는 것을 권하고 싶습니다. 스마트폰은 아이들을 침묵하게 만드니까요.

"곁가지가 많으면 큰 나무가 되지 못한다."는 말에 전적으로 긍정하며 저는 '교육 다이어트'를 실천해왔습니다. 그 일환으로 다른 교육은 거의 배제하고 독서교육에만 올인했습니다. 그리고 독서

교육과 함께 제가 아주 중요하게 생각하는 교육은 '아이들의 질문에 답하기'입니다.

저는 아이들의 질문에는 절대 건성으로 대답하지 않습니다. 그게 공부에 관련된 것이든, 다소 엉뚱한 질문이든, 말도 안 되는 질문이라도 말입니다. 아이들이 뭔가를 진지하게 물으면, 만사를 제쳐놓고 성심성의껏 대답해주려고 노력합니다. 아이가 질문을 한다는 건 그것이 정말 궁금하다는 뜻이고, 그런 자발적인 궁금증이 생겼다는 건 진심으로 알고 싶고 배우고 싶은 심리 상태라고 생각되기 때문입니다.

아이가 스스로 배움에 적극적인 자세를 취할 때, 제가 아는 선에서, 아니면 책이나 인터넷을 뒤져서라도 아이에게 자세하게 설명해주려고 노력합니다. 스스로 물어본 질문이기에 아이들도 귀를 쫑긋 세우고 제 대답을 경청한답니다. 그리고 자신의 질문을 무시하지 않고, 자신의 어떤 질문도 건성으로 넘기지 않고, 최선을 다해 설명해주는 부모에게서 아이들이 자신이 존중받고 있음을 느끼는 건 덤으로 얻을 수 있는 효과입니다. 어릴 때부터 무엇이든 질문하는 것에 익숙해질 수 있도록 부모가 판을 만들어주는 건 어떨까요?

아이와 함께하는 신종 하브루타

토론하기

저와 남편은 뉴스를 즐겨보는 편입니다. 그래서 아이들도 자연스럽게 뉴스를 많이 접하고 있습니다. 뉴스를 보다가 특이한 주제가 나오면, 저는 제 의견을 깊이 있게 아이들과 공유합니다. 그리고 아직 어리지만 아이들의 생각도 꼭 물어봅니다. 얼마 전에는 뉴스에 낙태 찬반에 대한 내용이 나오기에 제 생각을 아이에게 자세히 들려주고, 아이의 의견을 물으니 자신의 생각을 스스럼없이 말하더군요. 우리의 대화는 그렇게 40분 간 이어졌습니다. 바로 며칠 전에는 사형제도 폐지에 대해 큰아이와 의견을 나눴습니다. 서로의 생각이 확연히 달랐습니다. 우리는 각자의 생각을 전달하고, 이해시키고, 반론하고 수긍하며 또 긴 시간 얘기를 나누었습니다.

우리의 이런 토론은 잠자리까지 이어질 때가 종종 있습니다. 일명, '밤 이야기'입니다. 큰아이가 그렇게 이름을 붙였습니다. 어느 날은 아이가 저녁 양치질을 하며 제게 말했습니다.

"엄마! 오늘 '밤 이야기' 주제는 '돈'이야. 거기에 대해서 얘기 나눠보자!"

우리의 밤 이야기의 주제는 다양합니다. 학교에서 있었던 각종 크고 작은 사건들에서부터, 돈, 꿈, 우주, 죽음의 심오한 이야기까지. 꽤나 진지하게 이야기가 이어지는 날이면 밤 12시를 지나 새벽1시까지 지속되곤 합니다.

어느 날 너무 피곤해서 밤 이야기를 못하겠다고 하니, 큰아이가 그럽니다. "엄마, 나는 엄마랑 밤 이야기 하는 게 너무 좋아. 학교에서 배우는 것보다 엄마와의 밤 이야기에서 배우고 느끼는 게 훨씬 많거든." 생각지도 못한 아이의 말에 오는 잠을 아득바득 내몰고, 밤 이야기를 시작했습니다.

유대인들의 하브루타 교육이 유행인 요즘입니다. 유대인들의 자부심인 토론 문화, 하브루타가 별거인가요? 뭔가를 거창하게 준비해서 할 필요 없습니다. 어렵게 생각하지 마시고, 오늘 뉴스에 나온 수많은 기사들 중 하나로 아이와 대화를 시작해보세요. 그 대화가 바로 하브루타입니다. 누군가 그렇게 하는 건 진정한 하브루타가 아니라고 한다면, 그냥 말씀하세요. 이게 요즘 한참 핫한 '신종 하브루타'라고.

서로의 생각을 교환하며 자라온 제 아이들은 자신의 생각을 말하는 데 거침이 없습니다. (너무 거침이 없어서 문제될 때가 있기는 합니다) 자신의 생각을 말할 기회가 자주 생기면, 말은 물론이고 논리력이 함께 길러집니다. 늘 아이들의 생각을 물으십시오. 그리고 아이가 어떤 생각을 말하든 경청하고 존중해주십시오. 생각하는 법, 그리고 그 생각을 말하는 법, 모든 것에 연습이 필요합니다. 어느 날 갑자기 되는 것은 세상에 없으니까요.

저는 두 아들들에게 매일 하는 말이 있습니다.

"너는 어떻게 생각해?"
"한 번 고민해봐"
"한 번 생각해봐"

어느 날 큰아이가 투덜거리며 제게 되묻더군요.
"생각한다고 뭐가 달라져?"
그때 저는 독일의 시인 릴케의 이 말을 전해주었습니다.

"질문을 안고 살다보면 언젠가
'그 질문의 답' 속에 살고 있는 너를 보게 될 것이다."

'공부'란 무엇인가?

노력하기

베란다 수납장 라면 박스에 처박아 두었던, 빛바랜 제 어릴 적 성적표와 상장을 본 큰아이가 제게 묻더군요. "엄마, 어릴 때 공부 잘했네?"

아이의 그 말에, 은근슬쩍 제 '공부철학'에 관한 얘기를 풀어 놓았습니다.

현강아! 너희들을 마냥 놀도록 그냥 내버려두는 엄마를 보고, '사교육 반대론자, 공부 반대론자, 방임주의 교육'이라고 말하는 사람이 많아. 하지만 엄마는 오히려 공부를 중요하게 생각하는 사람 중 한명이야. 사람과 동물이 구분되는 가장 큰 차이점은 '학습능력'이란다. 그 어떤 동물들도 사람처럼 배우고 가르치지 않아. 인간이 동물과 구분되어지고, 월등히 뛰어난 개체인 영장류로써 이 세계를 지배할 수 있고, 지금과 같은 뛰어난 발전을 이루고 풍요로운 생활을 누리게 된 가장 큰 힘은, 바로 '교육' 때문이었다는 것에 엄마는 전혀 이견이 없단다.

현강아! 엄마 이야기를 조금 해줄게. 공부를 잘하고 싶고, 좋은 대학을 가고 싶었던 엄마의 열망은, 하루 24시간 의자에 엉덩이 붙이고 앉아 공부를 할 수 있는 독한 성실성을 키워주었단다. 사회에 나와 직장생활을 하면서 그리고 결혼하고 두 아이를 키우면서도 학창시절 공부하면서 얻은 근면함과, 인내와 끈기는 내게 고스란히 남아 성인이 되어 생활하는 데 항상 긍정적인 영향을 주고 있지.

"이따위 주입식 교육이 무슨 소용이람." 어릴 적, 때로는 원망스런 푸념을 했던 적도 있었으나 지금 돌이켜보면, 엄마의 집중력, 인내, 끈기, 성실함 같은 좋은 습관들은 모두 학창시절 공부를 하면서 만들어진 것이라는 사실을 인정하지 않을 수 없구나.

현강아! "스펙이란 과거의 행적을 통해 미래의 성과를 가늠해 보는 지표 구실을 한다."는 말이 있단다. 좋은 학교성적, 높은 수능점수, 좋은 대학은 분명히 한사람의 성실성을 보는 신뢰도 높은 척도임은 분명해.

누군가는 우스갯소리로 대한민국은 SKY대(서울대, 연세대, 고려대)만 알아주는 빌어먹을 세상이라고 욕을 하지만 엄마는 개인적으로 좋은 대학을 나온 사람들은 그만큼 인정해줘야 한다고 생각해. 치열한 경쟁을 뚫고 좋은 학교에 합격하기 위해 흘린 땀과 그들이 포기했을 숱한 잠, 미래를 위해 감수했을 크고 작은 고통들… 이 피나는 노력에 대한 결과물은 박수 받아 마땅한 것이지. 공부가 인생의 전부가 아니지만 공부를 잘한다는 건 분명 삶에 긍정적인 영향을 줄 확률이 높은 것 같아.

'공부'에 대한 긴 이야기를 마무리하며 캘리포니아 의과대학 홍영권 교수님이 기고한 글에 나온 말을 함께 전해 주었습니다. 아이들이 꼭 기억해주었으면 하는 말입니다.

"여러분들은 학벌과 경제력이 그 사람의 행복을 결정지어서는 안 된다고 말할 것이다. 그것은 사실이다. 가난하고 일류대학을 나오지 않아도 행복할 수 있다. 하지만, 그 말이 최선을 다하지 않은 자신을 변명하기 위한 말이 아니길 바란다."

아이 스스로 시작하는 공부

행복교육

오후 2시에 학교에서 돌아온 녀석들이, 현관에 가방을 던져두고 나갑니다. 그리고는 어두워진 저녁이 다 될 때까지 실컷 놀다가 집으로 돌아옵니다.

제 자식들은 학습지, 문제지, 엄마표 공부도 일체 없이 잠자는 순간까지 마음껏 놉니다. 집 밖에서도 놀고, 집 안에서 놀고. 이것이 6학년, 4학년의 일과입니다. 어느 날, 유치원 아이처럼 총, 칼을 만들어 전쟁놀이를 하며 온종일 유치하게 노는 6학년 큰아이를 물끄러미 바라보던 남편이 고개를 절레절레 흔들며 말하더군요. "이제 공부 좀 시켜야 하는 거 아니야? 하루 종일 너무 노는 거 같은데, 독서도 좋지만 현실 교육이 그렇지 않잖아!" 제가 대답했습니다. “책 읽는 아이는 언젠가 뜨거운 내적 동기에 의해 스스로 공부하게 되는 날이 반드시 와.”

아이들 교육에 있어서 ‘공부’라는 단어는 제게 금기어였습니다. 단 한 번도 “공부하라.”는 이야기를 직접적으로 한 적이 없습니다. 공부는 자기 인생을 위해서 스스로 하는 것이지 부모가 부탁할 이유도, 협박할 이유도, 애걸할 이유도 없기 때문입니다. 자칫, 아이가 부모를 위해서 공부를 해야 한다는 말도 안 되는 생각을 하지 않기를 바라기 때문이기도 합니다.

잠자리에 누워 큰아이가 이렇게 말했습니다.

“엄마! 며칠 전에 학교에서 사교육 실태 조사를 하는데 공부하는 학원에 안 다니는 아이가 나밖에 없었어. 내가 계속 손을 안 드니까, 선생님께서 놀라시면서 집에서 하는 학습지는 있냐고 물어보시길래 학습지도 안 한다고 하니까 진짜 많이 놀라시더라고. 그리고 친구들은 나를 엄청 부러워했어.”

아이가 묻습니다.

“그런데 엄마! 엄마는 왜 우리한테 공부하라는 소리 안 해?”

그 질문에 저는 기다렸다는 듯이 담담하게 그러나 진지하게 대답을 해주었습니다.

"현강아! 엄마는 공부는 중요하지 않고 건강하게만 자라면 된다는 교육철학을 가진 사람은 아니란다. 엄마는 인간에게 교육은 반드시 필요하고, 공부도 중요하다고 생각하는 사람이야. 그럼에도 불구하고 너희들을 내버려두는 이유는, 공부는 자신의 욕구와 자신의 의지로 시작해야 한다고 믿는 사람이기 때문이란다. 누가 시켜서 하는 수동적 학습에는 한계가 있다는 것을 누구보다 잘 알고 있기 때문이지."

"억지로 끌고 가고 싶지도 않고, 부모가 억지로 끌어서 하는 공부는 한계가 분명하다는 것을 너무도 잘 알기 때문이기도 하단다. 또 공부가 사실 쉽지 않은 것이라, 스스로 결정해서 하는 게 아니라면 너무 고통스러운 과정임을 경험으로 잘 알기에, 언제가 되었든 너희들 스스로가 공부의 필요성을 느끼고 목표를 세워 스스로 시작하게 되기를 기다리고 있는 것뿐이란다."

저의 대답을 경청하던 아이가 또다시 묻습니다.

"만약 기다리는데 결국 공부를 안 하면 어쩌려고?"

다시 제가 대답했습니다.

"그럼 할 수 없지. 어디 사람 일이 마음대로 되니? 진심이야. 하지만 엄마는 믿고 있어. 너희에게 꿈이 생기고, 하고 싶은 일이 생기면, 거기에 걸맞은 공부를 스스로 하게 될 거라는 사실을!"

아이가 말합니다.

"나는 나중에 부모가 되어도 내 자식한테 엄마 같은 그런 절대적인 믿음은 못 줄 것 같은데. 엄마는 참 대단해. 믿어줘서 고맙기도 하고."

그리고 다시 저를 나지막이 부르더니 잠깐 뜸을 들이다 말합니다.

"엄마! 나, 행복해! 엄마가 학원도 억지로 안 보내고 공부하라고 잔소리도 안 하고, 날 믿어줘서. 난 그런 엄마가 참 좋아."

제가 아이들을 기르며 항상 마음에 새겨두고, 곱씹고, 잊지 않으려고 하는 가장 중요한 화두는 '아이의 행복' 입니다.

아이들 교육의 본질, 교육의 종착점, 교육의 최종 목표점이 무엇입니까? 아마도 대부분의 부모가 바라는 것은 아이의 행복일 겁니다. 이 이상을 넘어선 가치가 또 있을까요? 그런데 지금 이 순간, 아이가 심각하게 불행하다면 미래의 '어느 날의 행복'이 무슨 의미가 있을까요? 지금 현재의 행복을 짓밟고 맞이한 미래의 행복이란 신기루에 불과합니다.

요즘 집이라는 것의 사람이 사는 '곳'이라는, 주거 그 본연의 기능보다 내 경제력을 뽐내는 '과시 수단'으로써의 부가적 기능이 더 두드러지고 있는 것처럼 어쩌면 우리 아이들의 교육도 이와 다르지 않은 듯합니다. '아이의 행복'이라는 본연의 기능보다 내 교육지도의 결과물로써의 '자랑거리'라는 과시 수단으로 아이가 이용되고 있는 건 아닌지, 아이를 내 자존감의 충족요건이라고 착각하고 있는 건 아닌지 자기 내면의 솔직한 마음을 들여다보아야 합니다.

책상에 앉아
수학, 영어, 과학을 열심히 공부하는
모 '범' 생 보다
어쩌면 세상을 향해 이런저런 경험을 쌓는
모 '험' 생이
세상을 더 잘 헤쳐나갈지도 모르겠습니다.

책육아를 시작하는 엄마들에게

책육아 도전하기

제가 운영하는 블로그에 한 이웃님이 조심스럽게 비밀 댓글을 다셨습니다.

> 저는 4살, 2살, 두 아이를 키우고 있는 서울 사는 가난한 엄마입니다.
> 작은 자동차 부품공장에서 일하고 있는 남편의 외벌이로 생활이 빠듯하지요. 이런 제가 책육아를 알게 되었습니다. 중고책도 하나 살 돈이 없는 제가, 아이들 독서교육을 시작할 수 있을까요? 그리고 돈 없이도 책육아, 성공할 수 있을까요?

그분께 진심을 담아 이렇게 답변을 달았습니다. 책육아에 대한 저의 소신입니다.

민영이 엄마!

일주일 전, 제가 사는 지역의 인터넷 중고 장터에 원목 테이블을 무료로 준다는 글이 올라왔길래 누가 먼저 가져갈세라 얼른 전화하고 이른 아침부터 서둘러 테이블을 가지러 갔습니다. 그런데 그 아주머니께서 제게 건네주신 원목 테이블은 네 다리가 제대로 서지도 못할 정도로 덜렁거려 정말 버려도 전혀 아깝지 않을 만신창이였습니다. 아주머니 앞에서 싫은 내색은 못하고 그것을 들고 낑낑대며 집으로 끌고 돌아오며 '이게 도대체 무슨 찌질한 짓인가.' 싶었습니다. 그런데 그것도 잠시, 해결책을 찾아 이내 남편에게 SOS를 보냈습니다.

그리고 시작된 고된 작업. 주말에 남편이 그 만신창이 테이블의 상판을 사포로 열심히 갈아내고 몇 번에 걸쳐 페인트칠하고, 페인트가 다 마른 후 또 여러 번의 니스칠을 한 후 말리기를 수차례, 그리고 부분부분 얼룩진 곳들을 다시 손질하고, 마지막으로 덜렁거려 제대로 서 있질 못하는 테이블 다리도 고치니 정말 거짓말 좀 보태서 새것 같은 테이블로 바뀌었습니다. 테이블 가격은 0원이지만 남편의 노고는 정말 100만 원어치였네요.

저희 집에는 그렇게 얻어온 공짜 테이블, 칠만 원 주고 산 중고 노트북, 컴퓨터 가게에서 얻어온 중고 키보드와 마우스, 친정

엄마 집에서 훔쳐온 이불과 베개, 다이소에서 산 천 원짜리 머그컵들이 넘쳐납니다. 저는 오늘도 두 아이를 학교에 보내놓고 바로 인터넷 지역 중고 장터를 켰습니다. 이번에는 13년째 써서 부식이 일어나고 있는 가스레인지 교체를 위해서. 그럼에도 불구하고 저는 충분히 행복합니다.

"내가 어찌할 수 없는 현실을 받아들이고 그 속에서 최선을 다하는 것! 그것이 '자존'의 시작이다."라는 광고인 박웅현 씨의 말을 저는 너무나도 사랑합니다.

민영이 엄마! 빠듯한 저의 생활이 그렇듯, 제 아이들 책육아 또한 조금도 다르지 않았습니다. 큰아이가 4살 때, 책육아를 시작하면서 책 살 돈이 없어 4년을 하루도 빼먹지 않고 도서관을 다녔고, 재활용 버리는 날 밖에서 주워온 책들로 아이들에게 책을 읽어주었습니다. 주워온 책, 얻은 책, 중고 책, 도서관 책으로 만들어진 게 바로 책 바보 두 아이랍니다. 경제적인 것은 책육아에 있어 장벽이 되지 않습니다. 이런 저를 보며, 용기 내어 '책육아'를 시작해보면 어떨까요? 제가 옆에서 도와 드리겠습니다.

책 읽는 기쁨을 선물하세요

무릎에서 읽어주기

일요일 아침 6시. 부엌 식탁에서 책을 읽고 있었습니다. 누군가 방에서 나와 화장실로 향하는 소리가 나더군요. 부엌에서 아이들 방이 안 보여 큰아이일까, 작은아이일까, 잠깐 궁금했다가 이내 인기척이 없길래 다시 들어가 자나보다 하고 말았습니다. 그렇게 30분쯤 흘렀을까, 화장실을 갔다가 작은아이 방문을 열어봤더니, 아이가 방에 없었습니다. 침대 위에 널브러진 이불까지 뒤지며 찾았지만 없더군요. 따로 갈 데는 없고 혹시나 해 큰아이 방문을 열었더니 거기에 있었습니다. 큰아이 방 베란다에 만들어준 작은 서재에서 책을 읽고 있더군요. 책 읽기를 방해할세라 아이가 눈치채지 못하게 조용히 문을 닫았습니다. 책을 읽는 아이의 뒷모습에, 만감이 교차했습니다. 책을 읽게 만들기 위해 부단히 노력한 지난날들이 떠올랐기 때문입니다.

아직 아이들이 어려서 내세울 만한 결과물이 없음에도 불구하고, 제가 '독서 교육 강의'를 하기로 결심한 것은 순전히 작은아이 때문이었습니다. 15개월에 걷고, 40개월에 말을 하고, 8살에 글자도 거의 모르는 채로 초등학교를 입학한 둘째는 모든 면에서 느린 아이였습니다. 그렇게 느린데다가 비정상적으로 책을 거부하는 아이였습니다. 그럼에도 불구하고 포기하지 않고, 이런저런 깨알 노력을 하며 7년이라는 긴 시간 동안 하루도 거르지 않고 책을 읽어주었습니다.

7년이 지난 지금, 작은아이는 물을 마시고 숨을 쉬듯이, 책을 읽는 것이 너무나 자연스러운 아이로 성장했습니다. 이는 순전히 100% 엄마인 제 노력의 결과입니다. 너무나 힘든 시간을 거쳐왔기 때문일까요. 작은아이의 책 읽는 뒷모습을 볼 때면 더욱더 가슴이 벅차오른답니다.

일어나자마자 책을 집어 들고, 학교 갈 준비를 마치고도 책을 집어 드는 아이. 놀다가도 순간순간 책을 집어 드는 아이를 보면 비록 느리지만 책 읽기를 통해 어떤 아이로 커갈지 기대가 되는 요즘입니다. 여전히 똘똘하지 못하고, 학교 공부도 눈에 띄게 잘하는 편은 아니지만, 하루도 거르지 않고 스스로 책을 읽는 이 아이의 미래가 저는 불안하지도 걱정되지도 않습니다.

어릴 때 책 한 권 안 읽어주고, 그래서 책이라곤 교과서밖에 모르는 아이에게 어느 날 갑자기 책을 읽으라고 내밀면 십중팔구 거부 반응을 보입니다. 그래서 독서는 어릴 때부터 습관이 되어야 합니다. 그러니 아이가 태어난 그 순간부터 부모가 책을 읽어주는 것이 좋습니다. 하루에 단 한 권이라도 말입니다. 매일매일 편안히 읽어준 책은, 책 읽는 아이를 만드는 데 중요한 밑알이 됩니다. 구체적으로 언제부터 시작하면 좋냐는 질문을 많이 하시는데, 바로 지금 당장 시작하는 것이 좋습니다. 독서교육은 어릴때 시작할수록 효과가 좋습니다. 특히 0~13세가 최적기입니다.

어린아이들에게 책을 읽어줘야 하는 중요한 이유 중 한 가지는 전 생애를 걸쳐 부모와 아이가 가장 오랜 시간 함께 있는 시기가 바로, 지금이기 때문입니다. 함께 많은 시간을 보낼 수 있기에, 아무 사심 없이 여유를 가지고 느긋하고, 천천히, 책을 읽어줄 수 있습니다. 그 어떤 조급함이나 다른 의도 없는 편안한 책 읽기. 0~13세, 지금이 딱 '적기'입니다. 그 적기를 절대 놓치지 마십시오.

책 읽어주는 노하우 하나 알려드리겠습니다. 일단, 어린아이를 무릎에 앉히고 다정하고 편안하게 책을 읽어주십시오. 아이가 책장을 마구 넘겨도 그냥 내버려두고, 아이가 책을 한 장만 읽고 다른 책을 가져와도 놓아두세요. 잊지 말아야 할 것은 아이에게 책을 읽어주는 그 시간은, 아이에게 책에 적힌 지식을 주입하는 시간이 아니라 엄마, 아빠와 정서적 교감을 나누는 '애착의 시간'이라는 것입니다. 또한 책을 매개로 재밌는 이야기를 들려주는 '놀이의 시간'도 되며, 책에 그려진 그림, 책에 적힌 내용을 매개로 부모와 이런저런 얘기를 나누는 '소통의 시간' 역할도 합니다.

이제 그 유명한 밥상머리 교육과 더불어 책과 함께 하는 '무릎교육'에도 관심을 가져 주세요. 그리고 더불어 아이에게 책을 읽어주는 것이, 다독을 통한 조기교육, 독서 영재라는 목적에 의한 행위가 아닌, 아이에게 '책 읽는 기쁨'을 가르쳐주기 위한 것이면 좋겠습니다. 어릴 때부터 '책 읽는 기쁨'을 알아 성인이 되어서도 자연스럽게 책을 가까이할 수 있도록 말입니다. '즐겁게 읽는 책'에서 아이가 얻을 수 있는 것은 부모가 상상하는 그 이상입니다.

"나는 청소부가 꿈이야"

적성

새 학기가 시작되고, 8살 작은아이가 인적사항 조사표를 들고 왔습니다. 거기에 미래 장래희망을 적는 칸이 있었습니다. 어떤 것을 적어야 하냐고 아이가 묻길래, 네가 원하는 꿈을 적으라고 했습니다. 그러자 아이가 한 글자 한 글자 정성껏 '청소부' 라고 적더군요. 그걸 본 큰아이가 무슨 꿈이 그러냐며 폭소를 터트렸습니다. (특정 직업을 폄훼하려는 의도는 전혀 없습니다. 뜻밖의 답변에 놀란 큰아이의 철없는 생각으로 봐 주십시오) 작은아이가 시무룩해져서는 그럽니다.

"왜, 내가 좋아서 하겠다는 건데."

큰아이의 박장대소를 막아서며 제가 물었습니다.

"왜 청소부가 되고 싶니?"

"더러운 걸 깨끗하게 청소하는 일이 재밌을 것 같아. 그리고 내가 청소를 깨끗하게 하면 다른 사람들이 편하잖아."

작은아이가 생각보다 진지하게 대답하더군요. 아이 머리를 쓰다듬으며 구체적인 생각을 칭찬해주었습니다. 그리고 한 가지 이야기를 더 덧붙여 이 말을 전했습니다.

"그런 기특한 생각으로 그런 꿈을 꾸다니 우리 민강이가 참 대견하구나. 엄마는 우리 민강이의 꿈을 응원할게. 그런데 엄마가 우리 민강이에게 바라는 게 하나 더 있어. 청소부가 되더라도 아무 생각 없이 주어진 일만 대충대충 하지 말고 항상 연구하는 청소부가 되어라. 어떻게 하면 쓰레기를 줄일 수 있을지, 청소부의 애로 사항은 무엇인지, 그것을 어떻게 개선할 것인지, 끊임없이 공부하고 연구하는 장인정신을 가진 청소부가 되어라. 그래서 청소부계에서 존경받는 사람이 된다면 더없이 좋을 것 같아."

솔직히 말하건대, 평범한 부모로써, 아이의 미래에 대한 큰 기대가 없다고 말하지는 않겠습니다. 하지만, 그럼에도 불구하고, 아이의 선택을 존중하고, 응원하는 근사한 부모가 되려고 합니다. 좋아하는 일을 하고 사는 게 곧 성공한 삶일 테니까요.

'적성'이란, 사람이 어떤 일을 할 때 가장 '놀이의 상태'에 근접하게 되느냐와 관련이 있다고 합니다. 그러니 적성에 맞는 직업을 얻어야 놀이를 하듯 즐겁게 일을 할 수 있습니다. "즐겁게 하는 일에 인간은 자신의 모든 능력을 쏟아붓게 되는 법이다."라고 네덜란드의 문화사가 하위징아가 말했듯, 즐겁게 할 수 있는 적성에 맞는 일을 찾는 것이 지금 당장 수학 문제 하나 더 풀고, 영어 단어 하나 더 외우는 것보다 훨씬 더 중요한 일이라고 생각합니다. 직업을 정함에 있어 적성, 흥미, 끼를 운운하는 건 사치에 가깝다고 조소하는 사람들도 있지만, 결국 이 생각이 옳음을 세상이 차츰차츰 증명해 줄 것이라 믿습니다.

직업선택의 기준이 돈, 사회적 평판이 아니라 자신의 적성, 재능, 흥미가 된다면 그것보다 더 좋은 직업이 세상에 또 있을까요? 그런데 더 희망적인 사실은 좋아하는 일을 열심히 하다 보면 어느 정도의 돈과 평판이 저절로 따라올 수도 있다는 것입니다.

애플의 스티브 잡스는 "돈을 위해 열정적으로 일한 것이 아니라, 열정적으로 일했더니 돈이 생겨 있더라."라고 말했습니다.

20년 후, 두 아이가 이렇게 말하는 사람이 되었으면 좋겠습니다. 아니, 세상 모든 아이들이 이렇게 말하는 날이 왔으면 좋겠습니다.

모두가 '갑'이 되려 발버둥치는 사회.
저는 두 아이들에게
이렇게 조언합니다.

"너만의 개성 있는 '슈퍼을'로 살아도 좋을 것 같아."

꾸준한 육아의 힘

우공이산

친정엄마가 직접 키운 검은 쥐눈이콩을 한 통 주셨습니다. 그런데 저는 물론이거니와 남편도 아이들도 콩을 좋아하지 않아서 찬장에 처박아 두고 있었습니다. 한 달여가 지나고 대청소를 하다가 부엌 수납장에 그대로 있는 콩 한 통을 보고 심란하기까지 했습니다. 몸에는 좋은데 먹기는 싫고, 그렇다고 누구 주거나 버리기는 아깝고, 더군다나 친정엄마가 정성껏 기른 콩이니 말입니다. 그래서 하루에 한두 알이라도 먹자 싶어서 조금씩 넣어서 밥을 짓기 시작했습니다. 한 번에 너무 적은 양을 넣으니 그 한 통이 쉬이 줄지는 않더군요.

그러던 어느 날, 저녁밥을 준비하며 콩을 넣으려고 수납장을 열었는데 이게 웬일입니까? 콩이 통 바닥에 서너 알 굴러다니고 있었습니다. 그러고 보니 조금씩이나마 콩을 넣은지 어느덧 거의 6개월이 다 되어가더군요. 이렇게 한두 알 먹어서 이 많은 콩을 언제 다 먹나 걱정했는데 매일 먹는 꾸준함에 시간이라는 놈이 더해지니 결국 바닥을 보였습니다.

아무것도 하지 않고, 가만히 있으면 제자리지만, 느리더라도 걸어가고 있는 게 확실하다면 목적지에 언젠가는 도착할 거라는 사실을, 걸어가고 있다면 보폭은 중요하지 않다는 사실을, 새삼 깨닫는 순간이었습니다.

아이들 교육도 이와 다르지 않습니다. 단기간에 무언가를 한꺼번에 빨리 하려고 하지 마십시오. 천천히 가도, 느리게 가도, 멈춰 있지만 않다면 아이는 어느덧 목적지에 도달할 겁니다. 반드시.

"걸어가고 있는 게 확실하다면, 걸음의 크기는 중요하지 않다." 쥐눈이콩 한 통에서 얻은 지혜입니다.

친구의 비밀병기

행복한 책읽기

저는 고등학교 3학년 때, 시골집까지 왔다 갔다 하며 낭비되는 시간을 아끼고자 학교 바로 앞에서 하숙을 했습니다. 그리고 방세를 아끼려 같은 반 친구 선주와 함께 방을 쓰게 되었습니다.

선주는 저보다는 공부를 못하는 친구였습니다. 그런데 선주는 공부를 못할 수밖에 없는 아이였습니다. 시험기간에도 따로 공부하지 않았기 때문입니다. 시험 기간, 저는 분초를 다투며 눈에 불을 켜고 공부하고 있던 그때, 하숙집 옥상에 올라가 한참을 별을 보고 내려오던 내 친구, 박선주! 시험 기간만이라도 공부 좀 하라고 잔소리를 하던 제 말에도 아랑곳하지 않았습니다. 그런데 평소 나보다 성적이 안 좋았던 선주는 실제 수능시험에서 평소 모의고사보다 월등히 높은 수능점수를 받고 연세대학교 천문학과에 입학했습니다.

고백하자면 어렸던 그때의 저는 무척 억울한 마음이 들었습니다. 원망스럽고 미웠습니다. 친구보다 10배는 더 열심히 공부한 저의 노력이 깡그리 짓밟히는 기분이었습니다. 그렇게 우리의 인연은 고3 졸업식을 마지막으로 끝이 났습니다. 따로 연락하고 싶지도, 만나고 싶지도 않았습니다. 들키고 싶지 않은 일말의 자격지심, 꼴같잖은 못난 열등감 때문에.

평일 12시, TV 앞에 앉아 이리저리 채널을 돌리다 인간극장에 멈췄습니다. 주인공 이름이 자막에 나옵니다. 이름은 박선주! 자막 속의 이름을 보는 순간, 기억 속에 잠자고 있던 고등학교 친구 박선주가 부지불식간에 떠올랐습니다. 그 이름 석 자는 저를 고등학교 3학년 때 살았던 하숙집으로 데려다 놓았습니다.

친구가 보입니다. 하숙집 옥상입니다. 손에는 책을 들고 있습니다. 교과서는 아닙니다. 그냥 책입니다. 제목은 보이질 않고, 선주는 책을 보다가, 별을 봅니다. 별을 보다가, 책을 봅니다. 편안해 보입니다. 행복해 보입니다. 이제야 친구가 들고 있던 책이 제 눈에 들어오네요. 24년이 지난 오늘에야. 집에서 라면을 먹으며 인간극장을 보다가 불현듯, 아무 맥락 없이, 갑자기 말입니다. 돌이켜보면 그 친구는 늘 책을 읽고 있었습니다. '책'이 바로 선주의 비밀병기였던 것입니다.

어릴 적, 나는 미처 그 기적에 가까운 비밀병기를 가지지 못했지만, 내 아이들에게는 '선주의 비밀병기'를 알려주려 합니다. 연세대 입학 때문이 아니라 시험 기간에도 별을 볼 수 있는 그 여유를 닮기를 바라기 때문입니다. 그리고 시험 기간에 옥상에서 책을 보고 별을 보며 행복해하던 그 얼굴을 아이들이 닮기를 바랍니다.

책, 책이 답입니다.

이순신 장군이 어느 시대,
몇 년도의 위인인지 물어보는 대신,

아이와 같이 서점에 가
《난중일기》를 사서 함께 읽어보는 교육을
가정에서부터 시작해보는 건 어떨까요?

베프가 모모에게 하는 말

책육아 실천하기

2010년 12월, 유난히 추웠던 날, 백만 번 망설이다 길을 나섭니다. 어제 빌려온 20권의 책을 넣어둔 책가방을 왼쪽 어깨에 단단히 둘러메고, 아이들 기저귀며, 물통, 간식 등을 넣은 낡은 노란색 에코백을 오른쪽 어깨에 메었습니다. 그리고 2살 작은아이의 발이 바깥으로 삐져나오지 않도록 발을 최대한 밀어 넣어 포대기를 야무지게 묶고, 순식간에 도로로 뛰어드는 4살 큰아이의 작은 손을 움켜쥐고는 이르게 찾아온 12월의 칼바람을 피해 버스 정류장으로 몸을 숨겼습니다.

도서관을 가기 위해 아이들과 나선 험난한 여정이었습니다. 집에 책 살 돈이 여유롭지 않아 책을 빌리러 다녔던 도서관, 4년을 거의 매일 다녔습니다. 그리고 다시 3년을 보태어 7년 동안 도서관을 다녔던 그 뜨거운 열정과 노력으로 두 아이와 저는 호모 부커스(책 읽는 인간)가 되었답니다. 그리고 그 책으로 인해, 정신적으로 풍요로운 삶을 살아가고 있습니다. 산이 높을수록 정상이 아름답다고 했던가요. 놀이처럼, 쉼처럼, 책을 수시로 집어 드는 아이들을 보며 고생한 보람을 온몸으로 느끼는 요즘입니다.

큰아이 4살 때 아이들 독서교육을 시작하며 제가 정한 데드라인은 10년이었습니다. 적어도 10년은 아이들에게 책을 읽어 주리라 굳은 다짐을 했습니다. 10년이라는 장기간의 독서교육 계획을 잡고 제가 가장 먼저 한 일은, 당장 그날 아이에게 책 한 권 읽어주는 것이었습니다. 무슨 책을 읽어줄지, 책은 어떤 걸 사야할지, 읽어주는 노하우는 어떤 것이 있는지 따로 계획을 세우거나 정보를 찾는 일은 하지 않았습니다. 당장 집에 있는 아무 책을 한 권 꺼내어 아이들 간식 먹는 옆에 앉아 읽어주었습니다. 단기간에 조급하게 10년 전체를 내다보지 않았습니다. 당장 주어진 오늘 하루, 그 하루에 충실하려고 했습니다.《모모》라는 책에서, 모모의 친구인 도로 청소부 베포는 모모에게 이런 말을 합니다.

"얘, 모모야. 때론 우리 앞에 아주 긴 도로가 있어. 너무 길어서 도저히 해낼 수가 없을 것 같아, 이런 생각이 들지."

"그러면 서두르게 되지. 그리고 점점 더 빨리 서두르는 거야. 허리를 펴고 앞을 보면 조금도 줄어들지 않은 것 같지. 그러면 더욱 더 긴장하고 불안한 거야. 나중에는 숨이 턱턱 막혀서 더 이상 비질을 할 수가 없어. 앞에는 여전히 길이 아득하고 말이야. 하지만 그렇게 해서는 안 되는 거야."

"한꺼번에 도로 전체를 생각해서는 안 돼. 알겠니? 다음에 딛게 될 걸음, 다음에 쉬게 될 호흡, 다음에 하게 될 비질만 생각해야 해. 계속해서 바로 다음 일만 생각해야 하는 거야."

"한 걸음 한 걸음 나가다보면 어느새 그 긴 길을 다 쓸었다는 것을 깨닫게 되지. 어떻게 그렇게 했는지도 모르겠고, 숨이 차지도 않아."

미하엘 엔데, 《모모》(비룡소, 1999)

제가 10년 동안 해온 독서교육의 방법과 너무나 닮았습니다. 아니 똑같습니다. 계단의 끝을 보려 하지 말고, 당장 눈앞에 있는 한 개의 계단을 내디뎌라.

이 말이, 당신에게도 가닿길 바랍니다. 사실 어찌 보면 뻔한 이야기지만, 뻔하다는 이유로 많은 사람들이 지나치고 맙니다. 하지만 성공한 사람들은 특별한 능력이 있어서 성공한 것이 아니라, 그 뻔한 이야기들을 하나하나 삶에서 실천한 사람들입니다.

긍정적인 말이 아이에게 미치는 영향

긍정하기

대한민국 최고의 강사 김미경 씨의 태몽 일화는 유명합니다. 김미경 씨의 친정엄마는 김미경 씨가 실패하고, 힘들어할 때마다 그녀를 가졌을 때 꾼 대단한 태몽 이야기를 들려주곤 했답니다. 그리고 그 태몽 이야기 말미에는 꼭 이런 말을 덧붙였습니다.

"이렇게 좋은 꿈을 꾸고 너를 낳았으니 너는 분명 성공할겨."

생각이 육체를 지배한다는 말처럼, 그 태몽 이야기는 김미경 강사에게, 힘들 때면 늘 든든한 부적처럼 다시 일어설 용기를 주었다고 합니다. 그런데 자신이 성공한 뒤, 친정엄마에게 물어보니 그 태몽은 그녀를 응원하기 위해 거짓으로 꾸며낸 이야기였다는 것입니다.

올해 12살이 되는 작은아이는, 저를 닮아서 그런지 꼼꼼한 구석이 없습니다. 경상도 사투리로 털파리라고 합니다. 하루는 연필 깎은 가루를 방바닥에 흘린 작은아이에게 치우라고 했더니 치우기 전보다 더 엉망이 되어 방에 흩어져 있더군요. 고함이 목젖을 건드리려는 찰나, 김미경 씨의 일화가 생각이 났습니다. 저도 따라 해보기로 했습니다. 부글부글 끓어오르는 화는 잠시 눌러놓고, 작은아이에게 말했습니다.

"평소 엄청 꼼꼼한 우리 민강이가 웬일로 이렇게 대충 치웠을까? 우리 집에서 제일 꼼꼼한 놈이."

그렇게 마음에도 없는 하얀 거짓말을 몇 달째 해오던 어느 날, 우유를 흘린 작은아이가 제게 달려와 말하더군요.

"엄마, 실수로 우유를 흘렸는데 꼼꼼한 내가 꼼꼼하게 잘 닦아 놨어."

지금도 우리 둘째는 자신이 꼼꼼하다고 착각하며 살고 있답니다. 그런데 자신이 꼼꼼하다고 스스로 자각해서일까요, 확실히 예전보다 조금씩 더 꼼꼼해지는 작은아이를 봅니다.

부모 말이 문서라는 말이 있습니다. 아이에 대해 가장 잘 아는 것은 부모라는 뜻입니다. 이것을 아이도 알기에, 엄마와 아빠가 해주는 말은 그것이 진실이 아니더라도 아이에게 크게 다가가기 마련입니다. 뇌는 상상과 실제를 구분하지 못한다고 하니, 부모가 아이에게 건네는 긍정적인 말대로 아이가 크는 것은 어쩌면 당연한 일입니다.

아이들은 자아개념이 불분명해서 다른 사람들이 내리는 평가를 통해 자신을 인식합니다. 그러니 그 무엇으로도 자랄 수 있는 무궁무진한 가능성을 가진 아이들에게 이왕이면 긍정적인 말을 건네주세요. 설사 그게 100% 진심이 아니어도 말입니다.

아이는 믿는 만큼 자랍니다

다양성 존중하기

두 아이들을 데리고 놀이터에서 놀고 있었습니다. 그런데 모르는 번호가 뜨면서 핸드폰 벨이 울렸습니다.

"여보세요? 누구신가요?"

"응, 나 은숙이야."

"응? 중학교 친구 은숙이?"

"응, 맞아!"

"어떻게 내 번호를 알았니?"

"응 우연히 알게 됐어. 너, 어떻게 지내니, 일해?"

"아니, 전업주부야. 너는?"

"응 나는 패션 사업을 크게 하고 있어."

그 순간, 저도 모르게 부지불식간에 너무나 유치한 생각이 떠올랐습니다. '어, 은숙이는 공부를 못하던 친구였는데….'

"공부 잘하는 친구는, 사업 잘하는 친구 밑에서 일한다."라는 농담이 있습니다. 그런데 짧지 않은 세월 살아보니 이 우스갯소리가 그렇게 얼토당토않은 소리는 아닌 듯합니다. 다소 진부한 표현이지만, 삶은 진짜로 성적순이 아닙니다. 그러니, 지금 당장의 공부머리로 내 아이들의 미래를 예단하고 당장의 '공부 실패'가 마치 '인생 전체 실패'인 양 좌절하고, 걱정하며 아이들을 내몰지 말아야겠다고 다짐했습니다. 공부 못했던 내 친구 은숙이를 통해 내 아이를 살릴 교육관 하나를 정립하는 순간이었습니다.

대학생들이 가장 가고 싶어 하는 스타트업 기업 중 하나인 주식회사 우아한 형제들의 김봉진 대표는 공부를 잘하지 못했는데 성공한, 대표적인 인물입니다. 김봉진 대표는 2017년 10월, 자신의 재산 중 일부인 100억을 사회에 기부하겠다는 계획을 밝혀 세간의 이목을 받았습니다. 그는 어릴 적 공부에는 크게 흥미가 없어 공업고등학교를 나왔습니다. 그 공업고등학교에서도 반 42명 중에서 40등을 했는데, 뒤에 두 명은 축구부 아이였답니다. 사실상 꼴등이라고 봐야겠지요. 공고에서 꼴등을 하던 김봉진 사장, 지금은 자신의 꿈을 찾아 성공하여 명실공히 대한민국의 대학생들이 가장 배우고, 닮고 싶은 CEO 중 한사람이 되었으니, 이 얼마나 멋진 반전의 성공입니까?

자본주의의 고용문제가 현재의 치열한 교육 경쟁의 주원인이라는 견해가 있습니다. 저는 그 말에 전적으로 동의합니다. 경쟁에서 우위에 선 사람만이 다수가 원하는 '기대소득이 높은 직종'이나, '사회적으로 선망받는 직업'을 쟁취할 수 있는 구조이기 때문에 경쟁이 불가피하고 경쟁이 더욱더 치열하다 못해 살벌해지는 것입니다. 그렇다면 '고용되지 않는 삶'을 추구한다면 이 지독한 경쟁에서 벗어날 수 있지 않을까 생각합니다.

그래서 저는 제 아이들에게 얘기합니다. 공부를 잘하고, 좋은 대학을 나와 좋은 스펙을 만들어 진열장 상품처럼 고용주에게 '선택되기'를 얌전히 기다리는, 누군가에게 '고용되는 삶'만이 안정적인 삶은 아니라고. 네 시간과 열정과 아이디어를 온전히 펼쳐보일 수 있는 '고용되지 않는 삶'에 대해서도 고민해보라고. 그래서 자기 시간, 나아가 자기 삶의 주인이 되라고 말입니다.

공부가 아닌 것으로 성공한 사람들은 모래사장의 모래알만큼 많습니다. 당장의 '공부 실패'가 마치 '인생 전체 실패'인 양 걱정하지 않아도 됩니다. 이는 너무나 섣부른 판단이자, 지나친 기우입니다. 아이들은 부모가 믿어주는 만큼, 더 크게 자라날 수 있습니다.

네모난 세상, 네모난 아이들

맞춤교육

큰아이는 추위를 타서 잘 때 이불을 머리끝까지 덮고 잡니다. 작은아이는 몸에 열이 많아 이불을 덮고 자는 날이 일 년에 하루 있을까 말까입니다. 큰아이는 야구를 좋아합니다. 작은아이는 축구를 좋아하고요. 큰아이는 과학을 좋아하고 작은아이는 수학을 좋아합니다. 큰아이는 책을 읽을 때 정독을 하는 편인데, 작은아이는 발췌독을 합니다.

두 아이를 키우며 같은 DNA를 받아서 태어났고, 내가 만들어준 환경 속에서 자랐고, 내가 가진 양육철학에 따라 커가고 있는데도 불구하고 좋아하는 음식, 운동, 음악, 과목이 전부 다르다는 사실을 알았습니다. 내 뱃속으로 낳은 아이가 맞나 싶을 정도로 기질도, 적성도, 재능도, 기호도 너무나 다른 두 녀석들입니다.

저는 아이들에게 집에서 직접 한글을 가르쳤습니다. 공부가 아니라 놀이하듯 알려주었습니다. 그런데 큰아이는 글자에 흥미를 좀 보였습니다. 글자를 알려주면 거부하지 않고, 자신이 아는 글자가 나오면 아는척 하는 것을 좋아했고, 제가 칭찬해주면 좋아서 다른 글자를 더 알려고 하는 선순환이 이루어졌습니다. 글자 이해도도 평균수준 이상이어서 난이도를 높여가며 어려운 단어들을 많이 알려줄 수 있었습니다.

그런데 둘째는 첫째와 너무나도 달랐습니다. 글자를 싫어하는 것을 넘어서서 증오하다시피 했습니다. 아무리 재밌는 놀이로 유도해도 글자로 된 것은 다 거부하더군요. 그리고 '사과'라는 단어도 수백 번 보여줘야 겨우 하나를 기억하는, 느린 아이이기도 했습니다.

그래서 저는 작은아이의 성향에 맞는 한글 떼기를 시도했습니다. 최대한 종이에 적힌 글자로 가르쳐주려 하지 않고 생활 속에서 글자에 노출되게 만들었습니다. 마트를 가면 마트 물건에 붙어있는 이름, 상가 간판, 엘리베이터 광고 등 걸어가며 보이는 단어들을 툭 던지듯 말해주었습니다. 그리고 느린 아이의 성향을 감안하여, 반복에 중점을 두었습니다. 아마 '사과'라는 글자는 수만 번 말해주었을 겁니다. 그리고 무엇보다 글자를 싫어하는 아이를 위해 이 글자가 무슨 글자냐고 확인하거나 질문하지 않았습니다. 확인하는 걸 너무나 싫어했기 때문입니다.

모든 것이 다른 두 녀석들의 성향에 맞춘, 제 나름의 맞춤 한글 교육은 성공했습니다. 한 가지 방법으로 둘 모두를 끌고 가지 않은 스스로를 칭찬해주고 싶을 만큼.

한 명의 사람은 태어날 때부터 타고나는 성격, 기질, 부모가 제공해주는 환경, 교육, 커가면서 직간접적으로 얻은 경험, 그로 인해 누적된 배경지식, 그 모든 것들이 섞이고 버무려져 형성되는 가치관, 인생관, 세계관 같은 수많은 '부분들의 조합'으로 완성됩니다. 그런데 이런 수많은 '독립된 개별성'을 깡그리 무시한 채 모두 '하나의 모습만' 가지라고 강요하고 있으니 우리 아이들이 어떻게 행복할 수 있을까요.

독일의 철학자 니체는 모든 개인은 타인들과 비교할 수 없는 단독성을 가진 존재라고 말했습니다. 개별적인 단독성을 가진 아이들을 같은 교육방식으로 동일한 목표점으로 끌고가는 건 아이들에게 큰 고통일 수 있습니다. 인재시교因材施教, "아이의 자질에 따라 서로 다르게 가르친다."라는 공자의 가르침을 수시로 읊조려 봅니다.

이제 성적순으로 줄을 세우고, 그 성적에 따른 우열로 아이들의 인생을 재단할 게 아니라 '다름'이라는 가치로 아이들이 가지고 태어난 저마다의 개성을 살려주는 살 맛 나는 교육을 해야 합니다. 공부가 아이들을 평가하는 절대 기준이 아닐 때, 교실에서는 다채로운 꽃들이 피어날 것입니다. 각자가 좋아하는 것에 심취해서 가진 재능을 마음껏 발산하는 아이들이 한데 어우러져 있는 행복한 교실의 모습을 한번 상상해 보십시오.

컨베이어 벨트에서 줄지어 나오는 똑같은 모양, 똑같은 색깔, 똑같은 규격의 틀에 맞춘 인간형 말고 각자의 모양과 색깔, 규격을 가진 개성 있는 아이들로 키워야 아이들도 행복하고, 행복한 아이를 바라보는 부모도 행복하고, 이런 다양한 인간상이 존재하는 이 사회도 행복해지지 않을까요?

고등학교를 졸업하고 대학을 가고, 대학을 졸업하고 취직을 하고, 취직 이후에는 결혼을 하고, 자식을 낳고 키우는 틀에 박힌 삶의 궤적은 모두가 똑같은 세상을 만들 뿐입니다. 화이트의 '네모의 꿈'이라는 노래가 생각납니다.

"네모난 침대에서 일어나 눈을 떠보면, 네모난 창문으로 보이는 똑같은 풍경, 네모난 문을 열고 네모난 테이블에 앉아 네모난 조간신문 본 뒤 네모난 책가방에 네모난 책들을 넣고 네모난 버스를 타고 네모난 건물 지나 네모난 학교에 들어서면 또 네모난 교실 네모난 칠판과 책상들"

우리에게는 너무나 낯설고 불편한 단어인 '다양성'. 특히 대한민국 교육이야말로 '다양성 상실'의 교육이 아닐까요. 그림 그리기를 좋아하는 아이를 수학 학원으로, 달리기를 좋아하는 아이를 영어 학원으로, 과학 실험을 좋아하는 아이를 논술 학원으로 보내고 있는 현실입니다. 음악에 재능이 있는데 의대에 보내고, 미술에 재능이 있는데 법대에 보내고 있는 건 아닐까요?

아이들의 다양한 재능과 적성을 깡그리 무시하고 사회적으로 선망받는 곳으로 모든 아이들을 한꺼번에 밀어 넣는 것은 개인적으로도 좌절이고 국가적으로도 큰 손실이자 낭비입니다. 다양한 인적자원이 사장되는 것이니까요. 각자의 기질과 재능과 적성과 끼를 살린 '다채로운 인간상'이 존재하는 사회가 건강한 사회입니다. 네모, 세모, 원, 별 모양, 다양한 모양이 한데 어울리는.

하버드대 하워드 가드너 박사는 "교육이란, 누구나 태어날 때 가지고 나온 재능을 잘 발현시킬 수 있도록 옆에서 도와주는 것"이라고 했습니다. 그런데 우리는 아이들이 가지고 나온 재능이 아닌, 사회가 원하고 인정하는 재능만을 키워주려고 혈안이 되어 있는 것 같습니다. 이제 하워드 가드너 박사가 말한 '교육'이라는 본연의 의미가 잘 발현될 수 있도록, 내 아이들의 타고난 재능을 마음껏 살려주는 교육에 관심을 가져야 할 때입니다.

덴마크에서는 아이들이 10살이 되기 전까지는 그 어떤 평가도 내리지 않습니다. 숙련도와 재능을 혼동할 수 있기 때문입니다. 또한, 중학교까지는 일체의 시험도 없고, 고등학교 시험도 선생님과 대화를 통한 구술시험입니다. 이런 덴마크의 대학진학률은 30%입니다. 각자의 꿈이 있기에 특별한 목적이 없으면 대학을 가지 않는 것입니다. 이런 덴마크는 행복지수 1, 2위를 다투는 국가입니다. 참고로, 대한민국은 대학 진학율이 70%가 넘습니다. 그럼에도 불구하고, 행복지수는 OECD 국가 중 최하위입니다.

또한 덴마크는 명문대를 졸업한 의사와 공업고등학교를 나온 노동자의 연봉에 큰 차이가 없다고 합니다. 그러니 고소득 직종에 인력이 몰리지 않아 경쟁이 그만큼 적고, 각자 자신이 원하는 일, 자신의 적성에 맞는 일을 찾아서 행복을 추구하면서 산다고 합니다.

세계 4대 디자인대회 석권 및 파슨스디자인스쿨 최연소 교수를 역임한 배상민 교수님이 〈오늘 미래를 만나다〉라는 TV 강연에서 이렇게 말씀하셨습니다.

"요즘을 절망의 시대라고 하지요. 그 이유가 무엇인 줄 아십니까? 그건 바로, 모두가 사회가 원하는 꿈, 학교가 원하는 꿈, 엄마가 원하는 꿈을 향해, 한 가지 꿈만 좇아 한곳으로만 달리기 때문입니다. 그로 인한 결과는 지나친 경쟁, 시기, 질투, 비교밖에 없어요. 현재 우리 모두는 크고 눈부시게 찬란한 태양 같은 한 가지 롤모델만 좇고 있는 것 같습니다. 하지만 제 생각은 다릅니다. 인간은 별빛과 같은 존재가 되어야 합니다. 각자의 자리에서 자신의 철학을 가지고 각자의 꿈을 가지고 자신만의 빛을 은은하게 내는 사람 말입니다.

자신의 자리에서 은은하게 자신만의 빛을 내고 계세요. 그럼 분명히 기회는 반드시 옵니다. 여러분은 여러분이에요. 여러분은 다, 다른 사람입니다. 자신을 쳐다보세요. 자신이 원하는 소리가 무엇인지 들으세요. 그리고 여러분만의 꿈을 꾸세요. 그리고 여러분의 열정을 그 꿈에 투자하십시오."

배 교수의 말처럼 아이가 태어난 모습 그대로, 자기의 개성을 떨치며 살 수 있도록 부모가 먼저 이끌어줘야 합니다. 각자의 빛을 은은하게 낼 수 있도록.

당신이 가는 곳이 길입니다

교육방향

많은 분들이 제게 어떻게 그렇게 흔들리지 않고 확고한 '교육 철학'을 가질 수 있냐며 질문하곤 합니다. 그러나 자녀교육서를 쓰고, 교육 블로그를 운영하고, 강의를 하고, 상담을 하지만, 그리고 교육에 대해 단호한 어조로 소신 있게 답변을 하지만, 사실 저 또한 아이를 키우며 매 순간 제가 가진 '이상'과 '현실' 사이에서 외줄타기를 하고 있습니다.

아이들을 교육하면서 불쑥불쑥 튀어오르는 예상하지 못했던 복병들을 만날 때면, 저 또한 불안의 덩어리를 부여안고, 걱정하고, 고민하고, 방황합니다. 하루에도 열두 번 드는 회의와 의문, 확신의 부족으로 갈팡질팡하는 일도 다반사입니다. 때로는 두 마음, 때로는 세 마음으로 시소를 탈 때도 많습니다.

이 길이 맞을까, 불안한 날이면 다른 길을 기웃거리기도 하고, 이러지도 저러지도 못하고 경계에 서서 서성거리며 머뭇거리기도 합니다. 그럼에도 불구하고 저는 이 고민과 방황이 결국 '해피엔딩'으로 끝날 것을 직감하고 있습니다. 시골의사 박경철님의 "방황은 노력의 다른 이름이다."라는 말을 철석같이 믿고 있기 때문입니다.

고민과 걱정이 없는 사람은 죽은 사람이라는 말처럼, 걱정하고 고민하는 건 어쩌면 산 사람의 소중한 특권인지도 모르겠습니다. 그 특권을 누리고 있는 우리는 행복한 사람이라고 생각하면 좋겠습니다.

방황이 깊다 하여, 아이들 양육, 교육 문제를 옆집 엄마에게 너무 의존해서는 안 됩니다. 옆집 엄마도 '그 옆집 엄마'에게 물어본 것입니다. 그들 또한 같은 미로에서 좀 더 앞서서 헤매고 있는 사람들일 뿐입니다. 타인에게서 내 아이의 문제에 대한 해결책을 찾으려 하면 안 됩니다. 내 아이를, 부모인 나만큼 잘 아는 사람은 이 세상에 없습니다.

예쁘고 몸에 좋은 것만 먹어가며 10달을 온전히 품었고, 18

시간 뼈를 깎는 진통을 이겨내 가며 배 아파 낳아, 나의 가장 빛나는 30대를 모조리 바쳐 이 두 손으로 기르며, 하루 24시간, 일년 365일 가장 많은 시간을 함께 보내며 가장 많은 시간을 관찰해온, 아이의 성장 과정을 오롯이 같이 한, 아이를 '가장 잘 아는 사람' 은 바로 부모인 당신입니다.

선생님도, 전문가도, 아이를 잘 키운 돼지 엄마도 뭔가 시원한 해결책을 바라며 털어놓는 한두 시간의 단편적인 이야기로 당신의 아이에 대해 온전히 알 수 없습니다. 부모인 '당신'이야말로 아이에 대한 가장 많은 자료를 가지고 있는, '당신 아이의 전문가'입니다. 그러니 아이의 문제에 대한 해결책도 당신이 가지고 있을 확률이 아주 높습니다. 전문가, 멘토, 선배 엄마들에게 조언은 구하되 어디까지나 참고만 하십시오.

다들 여름휴가 어디로 가느냐고 물으면 누군가는 산이 좋다고 추천할 테고 누군가는 바다, 누군가는 해외여행을 권합니다. 그럼 그들의 말을 충분히 들어보고 당신의 생각과 취향, 그리고 당신의 경제력을 고루 고려하여 여행지를 정하기 마련입니다.

친한 친구가 강력하게 추천한 '산'으로 가기로 결정했다면, 이제 어느 산으로 갈지, 어떤 코스로 갈지, 며칠을 갈지, 무슨 옷을 입고 무슨 신발을 신을지는 스스로 결정하면 됩니다. 앞서 산에 간 친구의 세세한 모든 것들을 다 따라하지 않아도 됩니다. '총론'은 같이 하되, '각론'은 각자 하십시오. '방향'이 같다고 해서 '방법'까지 같을 필요는 없습니다.

아이들 교육도 이와 다르지 않습니다. 멘토가, 성공한 자녀의 부모가, 돼지 엄마가 한 교육방법의 세세한 각론까지 따라하지 마십시오. 같을 필요도 없고 같아서도 안 됩니다. 당신도 당신 아이도 너무나 다른 유기체이며, 교육에 정답은 없기 때문입니다. 노력의 다른 이름, 방황하고 고민하며 당신만의 정답을 찾아나가시길 마음으로 응원합니다.

누구나 자기 가슴속에 자신만의 답을 안고 살아갑니다. 그 안의 답을 찾아가십시오. 답은 당신 안에 있습니다.

아이들에게 줍시다.

읽을 책을 주고
생각할 시간을 주고
질문할 기회를 주고
관찰할 여유를
줍시다.

나는 오직 아이의 행복에만 집중한다

2020년 2월 12일 초판 1쇄 | 2020년 3월 18일 3쇄 발행

지은이 · 김윤희
펴낸이 · 박영미 | 경영고문 · 박시형

책임편집 · 이수빈
마케팅 · 양봉호, 양근모, 권금숙, 임지윤, 유미정
경영지원 · 김현우, 문경국 | 해외기획 · 우정민, 배혜림 | 디지털콘텐츠 · 김명래

펴낸곳 · 포르체 | 출판신고 · 2006년 9월 25일 제406-2006-000210호
주소 · 서울시 마포구 월드컵북로396 누리꿈스퀘어 비즈니스타워 18층
전화 · 02-6712-9800 | 팩스 · 02-6712-9810 | 이메일 · togo@smpk.kr

ISBN 979-11-6534-060-5 (13590)

• 이 책의 국립중앙도서관 출판시도서목록은 서지정보유통지원시스템 홈페이지(http://seoji.nl.go.kr)와 국가자료공동목록시스템(http://www.nl.go.kr/kolisnet)에서 이용하실 수 있습니다.(CIP 제어번호: CIP2020002910)
• 잘못된 책은 구입하신 서점에서 바꿔드립니다. 책값은 뒤표지에 있습니다.
• 포르체는 (주)쌤앤파커스의 임프린트입니다.